Berufsvorbereitung Bau

Lehr- und Arbeitsbuch

Lösungsheft

AF828039

Balder Batran
Nadine Brix
Volker Frey
Romy Karier
Dr. Klaus Köhler

Handwerk und Technik – Hamburg

Vorwort

Die vielen Aufgaben des Lehr- und Arbeitsbuches sollen den Schülerinnen und Schülern helfen, die **Sach- und Problemzusammenhänge** zu erkennen, und einen Beitrag zur **Erfolgssicherung** leisten. Außerdem erfahren die Schüler/innen bei der Bearbeitung der Aufgaben **Erfolgserlebnisse**, die sich verstärkend auf die Motivation auswirken.

Der Großteil der Aufgaben kann von den Schüler/innen weitgehend selbstständig im Unterricht oder als Hausaufgabe bearbeitet werden. Ein Teil der Aufgaben kann auch im **fachtheoretischen** oder **fachpraktischen** Unterricht zum Unterrichtsgegenstand gemacht werden.

Bei vielen, vor allem projektbezogenen Aufgaben sind **mehrere Lösungen** möglich. Die vorgegebene Lösung stellt dann nur einen **Vorschlag** dar.

Die Verfasserinnen und Verfasser wünschen bei der Bearbeitung der Aufgaben viel **Freude** und **Erfolg**.

Stuttgart, im Sommer 2019 Die Verfasser/innen

ISBN 978-3-582-86388-1 Bestr.-Nr. 5629 II/ab der 3. Auflage

Verlag Handwerk und Technik GmbH,
Lademannbogen 135, 22339 Hamburg; Postfach 63 05 00, 22331 Hamburg – 2019
E-Mail: info@handwerk-technik.de, Internet: www.handwerk-technik.de

Satz: Claudia Wild, 78467 Konstanz
Zeichnungen: Nadine Brix, L-3398 Roeser

Druck und Weiterverarbeitung: Esser printSolutions GmbH, 75015 Bretten

1 Vom Plan zum Bauwerk

Aufgabe Seite 13/14

Aufgabe Seite 17

Die Umrisse von Sofies und Nicos Haus sollen im Maßstab 1:50 in der Draufsicht und den vier Ansichten gezeichnet werden.

Berechnen Sie die Zeichnungslängen in cm.

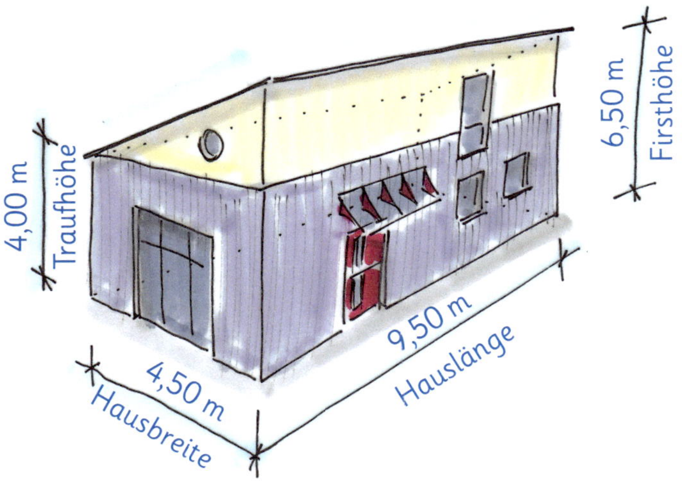

Abmessung	Wirkliche Länge	Zeichnungs-länge
Hausbreite	4,50 m	9 cm
Hauslänge	9,50 m	19 cm
Traufhöhe	4,00 m	8 cm
Firsthöhe	6,50 m	13 cm

Aufgabe Seite 19

Kennzeichnen Sie die Detailzeichnungen des Schnittes entsprechend den angegebenen Baustoffen.

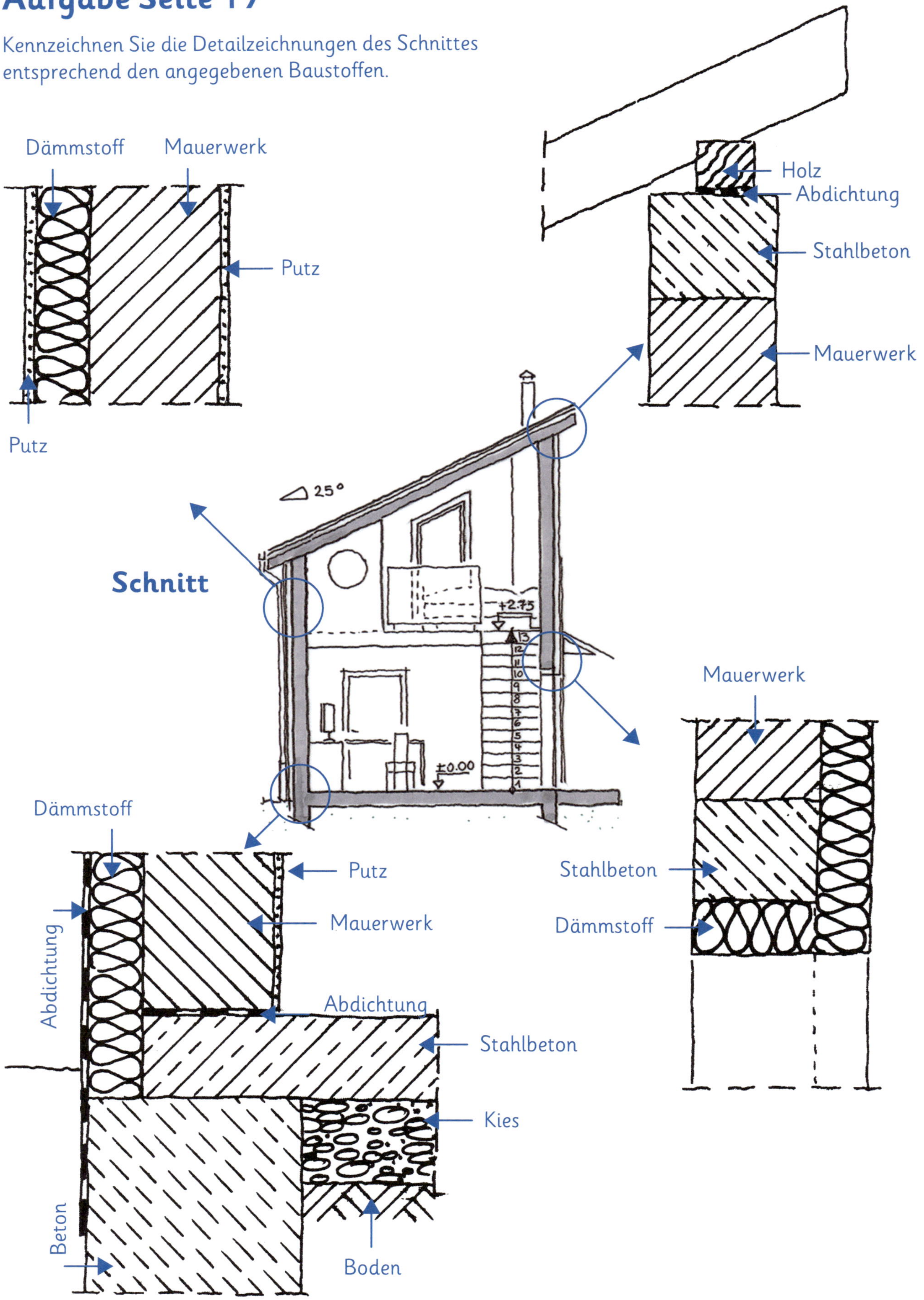

Aufgaben Seite 25/26

1. Ordnen Sie folgende Bauepochen den entsprechenden Zeitabschnitten zu:

Gegenwartsarchitektur (kurz Gegenw.), Romanik, Gotik, Klassizismus (kurz: Klass.), Barock, Renaissance (kurz: Ren.).

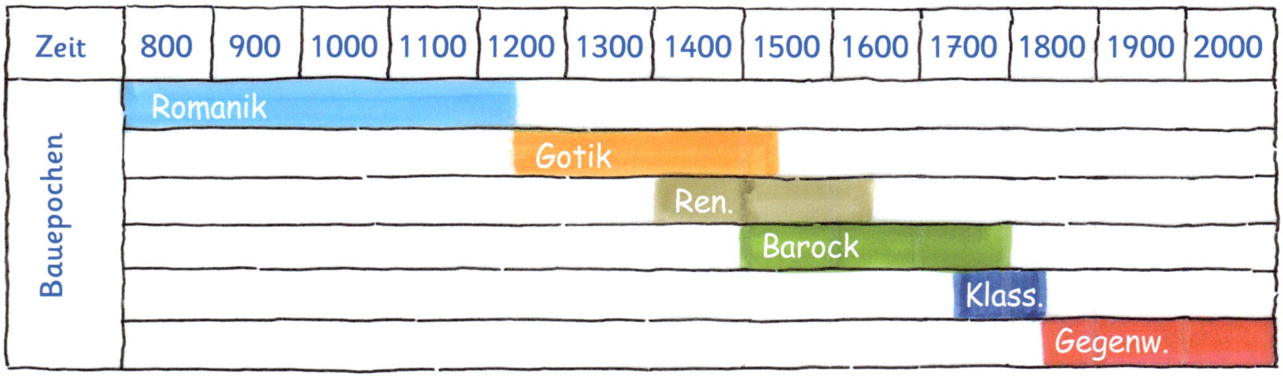

2. Ordnen Sie die folgenden Bauwerke den Stilepochen **Romanik, Gotik, Renaissance, Barock, Klassizismus** und **Gegenwartsarchitektur** zu und nennen Sie jeweils drei Beispiele innerhalb der Bundesrepublik Deutschland.

Bauepoche:

Renaissance

Beispiele:
Heidelberger Schloss
Rathaus in Bremen
Schlosskapelle in Torgau

Bauepoche:

Klassizismus

Beispiele:
Brandenburger Tor
Nikolauskirche in Potsdam
Schloss Wörlitz

Bauepoche:

Gegenwart

Beispiele:
Potsdamer Platz in Berlin
Severinsbrücke in Köln
Olympiastadion in München

Bauepoche:

Gotik

Beispiele:
Ulmer Münster
Kölner Dom
Rathaus in Frankfurt/Oder

Bauepoche:

Barock

Beispiele:
Frauenkriche in Dresden
Schloss in Würzburg
Kloster Ottobeuren

Bauepoche:

Romanik

Beispiele:
Dom in Speyer
Stiftskirche in Gernrode
Abteikirche Maria Laach

2 Tiefbau

Aufgabe Seite 28

Ordnen Sie die folgenden Bauvorhaben den Bereichen Hochbau oder Tiefbau zu:
Wohnhaus, Straße, Tunnel, Damm, Fabrikgebäude, Schulhaus, Abwasserkanal.

Hochbau	Tiefbau
Wohnhaus	Straße
Fabrikgebäude	Tunnel
Schulhaus	Damm
	Abwasserkanal

Aufgaben Seite 31

1. Welche der genannten Bodenarten sind bindige bzw. nichtbindige Bodenarten:
Ton, Kies, Schluff, Mergel, Sand, Steine?

Bindige Bodenarten	Nichtbindige Bodenarten
Ton	Kies
Schluff	Sand
Mergel	Steine

2. Worin unterscheiden sich bindige von nichtbindigen Bodenarten?

Bindinge Bodenarten haben einen inneren Zusammenhalt,
nichtbindige haben keinen inneren Zusammenhalt.

3. Warum kann die Korngrößenverteilung bei bindigen Bodenarten nicht durch Sieben ermittelt werden?

Weil die einzelnen Körner aneinander haften.

Aufgaben Seite 34

1. Vergleichen Sie bindige Bodenarten und nichtbindige Bodenarten im Hinblick auf die genannten Eigenschaften.

Bodenart	Tragfähigkeit	Setzungen	Frostgefahr
bindige Bodenart	wechselnd	hoch	ja
nichtbindige Bodenart	hoch	gering	nein

2. Welche Maßnahmen können Frostschäden auch bei bindigem Baugrund verhindern?

Gründung in frostsicherer Tiefe (80 ... 120 cm),
Frostschutzschicht

Aufgabe Seite 35

Nach welchen Gesichtspunkten werden die Bodenarten eingeteilt?

Nach der Korngröße und nach dem Arbeitsaufwand bei der Bearbeitung.

Aufgabe Seite 36

Wie viele m³ Oberboden sind beim Bau des Hauses im Garten der Großmutter abzutragen und zu lagern, wenn auf jeder Seite des Gebäudegrundrisses 2,50 m zugegeben werden und der Oberboden im Mittel 30 cm dick ist?

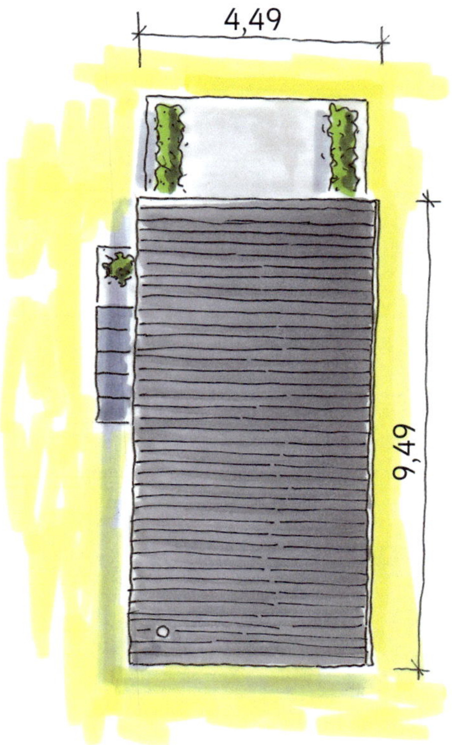

Länge: 9,49 m + 2,50 m + 2,50 m = 14,49 m

Breite: 4,49 m + 2,50 m + 2,50 m = 9,49 m

Oberboden: 14,49 m · 9,49 m · 0,30 m

= $41{,}253\ m^3$

Aufgaben Seite 39

1. Bei Sofies und Nicos Haus muss die Abwasserleitung in einem etwa 2 m tiefen Graben zum Straßenkanal geführt werden. Beim Baugrund handelt es sich um steifen bindigen Boden.

a) Welche Sicherungsmaßnahmen würden Sie ergreifen?

z. B.:

Sicherung mit Verbaugeräten

b) Begründen Sie Ihren Vorschlag.

Geringerer Arbeitsaufwand und

hohe Sicherheit

2. Die Baugrube eines Wohnhauses soll durch Abböschen gesichert werden. Die Kelleraußenwände werden betoniert. Welches Maß ist von der Kellerwand bis zum Böschungsfuß anzunehmen?

15 cm (für Schalung) + 50 cm (für Arbeitsraum) = 65 cm

Aufgabe Seite 40

Welche Folgen kann eine ungenügende Verdichtung bei der Wiederverfüllung von Gräben und Arbeitsräumen haben?

Der eingefüllte Boden kann sich nachträglich setzen
und dadurch Schäden an Bauwerken verursachen.

Aufgabe Seite 41

Erklären Sie, weshalb auch im 2. Stock eines Wohnhauses Wasser aus dem Wasserhahn fließt.

Das Wasser kommt aus einem Hochbehälter, der
höher liegt als die Entnahmestellen.

Aufgabe Seite 42

Wo fällt in einem Wohnhaus Abwasser an, das entsorgt werden muss?

Waschmaschine, Küche, Bad/Dusche, WC,
Reinigungsarbeiten

Aufgabe Seite 43

Nennen Sie die Vorteile der Entwässerungssysteme.

Mischsystem:	Trennsystem:
Herstellungskosten sind	Regenwasser belastet
geringer	Kläranlage nicht

Aufgabe Seite 44

Welche Vorteile haben Abwasserrohre aus den genannten Materialien und wo werden sie vorwiegend verwendet?

Material	Vorteile	Verwendung
Steinzeug	sehr beständig	Grundleitung
Kunststoff PVC	beständig, leicht	Grundleitung
Beton	hoch belastbar	Straßenkanal

Aufgaben Seite 46

1. Fügen Sie die drei richtigen Begriffe in den Text ein:

Gefälle, gutes Aussehen, Muffen, Dichtheit, Beständigkeit

Die Grundleitung muss im richtigen ……… Gefälle ……… verlegt werden.

Die ……… Muffen ……… werden entgegen der Fließrichtung verlegt.

Die fertige Leitung muss auf ……… Dichtheit ……… geprüft werden.

2. Eine Grundleitung unter dem geplanten Wohnhaus soll 10,20 m lang werden und ein Gefälle von 1,5 % erhalten.

Berechnen Sie den Höhenunterschied zwischen Anfangspunkt A und Endpunkt E.

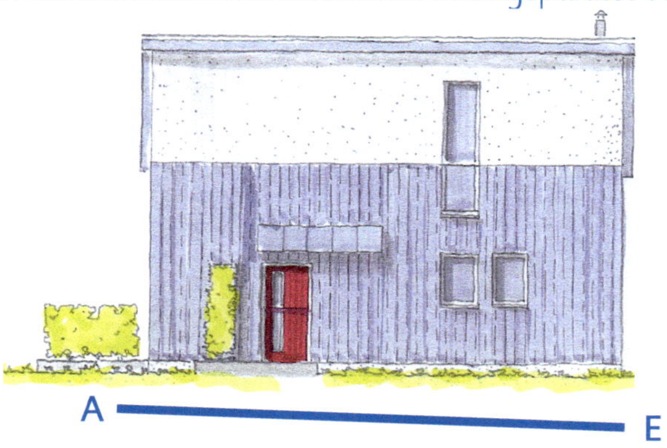

Höhenunterschied $h = \frac{10{,}20\ \text{m} \cdot 1{,}5\%}{100\%}$

$= 0{,}153\ \text{m}$

$= \underline{15{,}3\ \text{cm}}$

Aufgaben Seite 49

1. Welche Aufgaben haben Fundamente?

Fundamente sollen die Bauwerkslasten auf den Baugrund übertragen und die Standsicherheit erhöhen.

2. Welche Lasten müssen bei unserem geplanten Wohnhaus durch die Fundamente auf den Baugrund übertragen werden?

Bauteillasten, Lasten der Einrichtung, Schneelasten, Windlasten

3. Weshalb muss die Fundamentsohle mindestens 80 … 120 cm unter der Geländeoberfläche liegen?

Damit sich darunter keine Eislinsen bilden.

Aufgaben Seite 50

1. Nennen Sie die Arbeitsschritte zur Herstellung der Streifenfundamente unter dem geplanten Haus.

1. Anzeichnen	4. Betonieren
2. Aushub	5. Beton verdichten
3. evtl. Nacharbeiten	6. Oberfläche ebnen/aufrauen

2. a) Wie viele m³ Boden müssen für die Fundamente des Hauses ausgehoben werden?

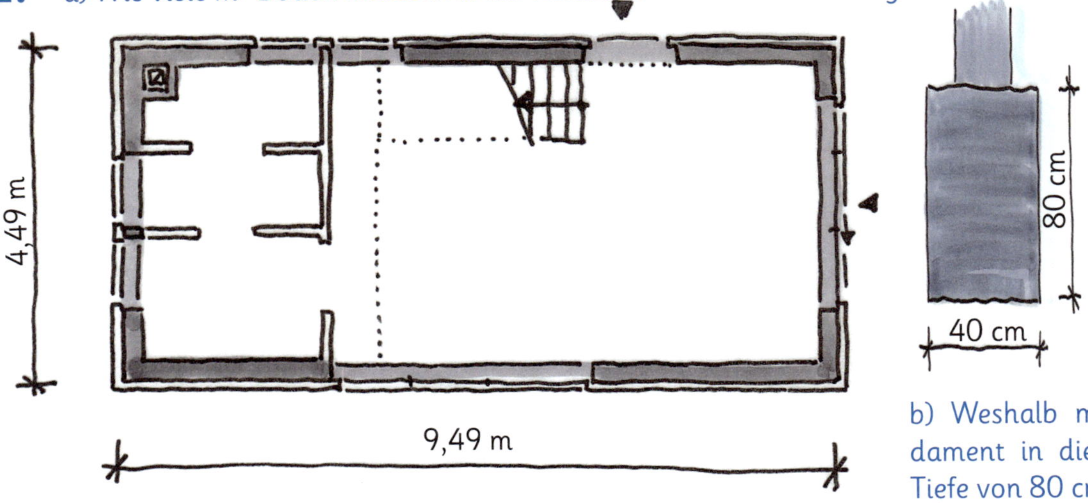

b) Weshalb muss das Fundament in diesem Fall eine Tiefe von 80 cm aufweisen?

a) $(4{,}49\,m \cdot 2 + 9{,}49\,m \cdot 2 - 0{,}40\,m \cdot 4) \cdot 0{,}40\,m \cdot 0{,}80\,m \approx 8{,}435\,m^2$

$\approx \underline{8{,}5\,m^3}$

b) Um die Frostsicherheit zu gewährleisten.

3. Wie viele m³ müssen abgefahren werden, wenn der Boden beim Aushub um 20 % aufgelockert wird?

Abfuhr: $8{,}5\,m^3 \cdot 1{,}2 = \underline{10{,}2\,m^3}$

Aufgaben Seite 52

1. Skizzieren Sie den Aufbau einer Verkehrsfläche mit Pflasterbelag und beschriften Sie ihre Skizze.

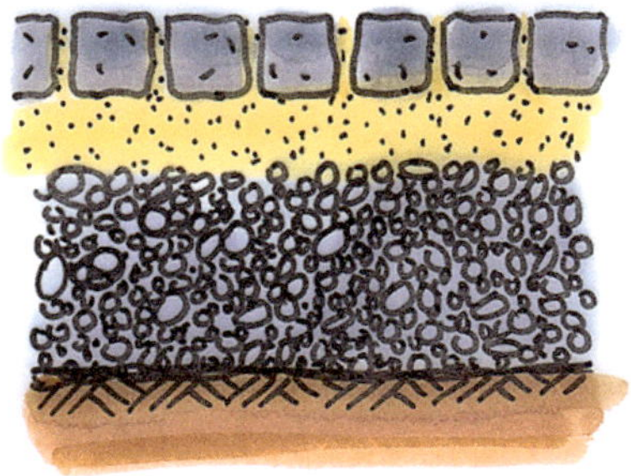

2. Welches Belagsmaterial würden Sie Sofie und Nico für den Weg zum Hauseingang empfehlen? Begründen Sie Ihre Antwort.

Z. B. Natursteinpflaster. Sieht gut aus und ist sehr beständig.

Aufgaben Seite 54

1. Nennen Sie die notwendigen Arbeitsschritte zur Herstellung eines Gehweges.

1. Einmessen	6. Tragschicht verdichten
2. Planum herstellen	7. Bettung einbringen
3. Untergrund verdichten	8. Pflaster verlegen
4. Randeinfassungen setzen	9. Fugen füllen
5. Tragschicht einbringen	10. Belag verdichten

2. Weshalb wird die Bettung mit Überhöhung eingebaut?

Weil sich die Bettung bei der Verdichtung des Belags noch setzt.

3. In einem vor kurzer Zeit verlegten Belag aus Betonpflaster bilden sich Mulden. Welche Fehler könnten gemacht worden sein?

Z. B.: Schlechte Verdichtung des Untergrundes oder der Tragschicht; Betreten der abgezogenen Bettung; ungenügende oder ungleiche Verdichtung des Belags.

3 Mauerwerksbau

Aufgaben Seite 59/60

1. Rätsel: Folgende Buchstabengruppen ergeben die Lösungswörter.

MÖR MÖR SAND PM- KALK QUARZ MENT TEL TEL DER ZE BIN

Eine Gesteinskörnung für Mauermörtel:

Q	U	A	R	Z	S	A	N	D

Mauermörtel für stark beanspruchtes Mauerwerk:

Z	E	M	E	N	T	M	Ö	R	T	E	L

Kurzbezeichnung für vorgemischtes Bindemittel aus Zement und Gesteinsmehl:

P	M	-	B	I	N	D	E	R

Mauermörtel für gering beanspruchtes Mauerwerk:

K	A	L	K	M	Ö	R	T	E	L

2. Wie groß ist der Mörtelfaktor einer Mörtelmischung, wenn bei 420 Liter Sand und 105 Liter Zement 350 Liter fertiger Mörtel entstehen?

(420 l + 105 l) : 350 l = 1,5

3. Für 120 Liter fertigen Zementmörtel (MV 1:4) soll das Volumen an Sand und Zement berechnet werden. Der Mörtelfaktor beträgt 1,4. Ausgangsvol. = 120 l · 1,4 = 168 l

1 Teil Zement = 168 l : 5 = 33,6 l; 4 Teile Sand = 33,6 l · 4 = 134,4 l

4. Die Umfassungswände des Projekthauses sollen mit Kalkzementmörtel gemauert werden. Dafür sind 2 m³ fertiger Mörtel erforderlich.

Das Mischungsverhältnis soll Kalk : Zement : Sand = 2 : 1 : 8 betragen.
Berechnen Sie das erforderliche Volumen an Kalk, Zement und Sand bei einem Mörtelfaktor von 1,6.

$2\ m^3 \cdot 1{,}6 = 3{,}2\ m^3$; 1 Teil Zem. = $3{,}2\ m^3 : 11 = 0{,}29\ m^3$;

2 Teile Kalk = $0{,}29\ m^3 \cdot 2 = 0{,}58\ m^3$; 8 Teile Sand = $0{,}29\ m^3 \cdot 8 = 2{,}32\ m^3$

5. Wie viele Liter fertigen Zementmörtel können aus einem Sack Zement (= 25 kg) hergestellt werden, wenn der Mörtelfaktor 1,4 beträgt und genügend Sand zur Verfügung steht?

Zement hat eine Dichte von 1200 kg/m³.

Volumen (in m³) = Masse (in kg) : Dichte (kg/m³)

Zementvolumen = 25 kg : 1200 kg/m³ = 0,0208 m³ = 20,8 l;

bei MV 1 : 4 → Sandvol. = 20,8 l · 4 = 83,2 l;

Ausgangsvol. = 20,8 l + 83,2 l = 104 l; Mörtelvol. = 104 l : 1,4 = 74,3 l

Aufgaben Seite 61

1. Ordnen Sie folgende Maße nach Anbau-/Aufbaumaßen, Innenmaßen und Außenmaßen:

9,99 m; 37,5 cm; 2,01 m; 88,5 cm; 3,49 m; 5,75 m; 2,385 m; 11,5 cm; 12,51 m; 50 cm

Anbau-/Aufbaumaße	Innenmaße	Außenmaße
37,5 cm; 5,75 m; 50 cm	2,01 m; 88,5 cm; 2,385 m; 12,51 m	9,99 m; 3,49 m; 11,5 cm

2. Welche der Maße am Projekthaus sind Anbau-/Aufbaumaße, Innenmaße und Außenmaße?

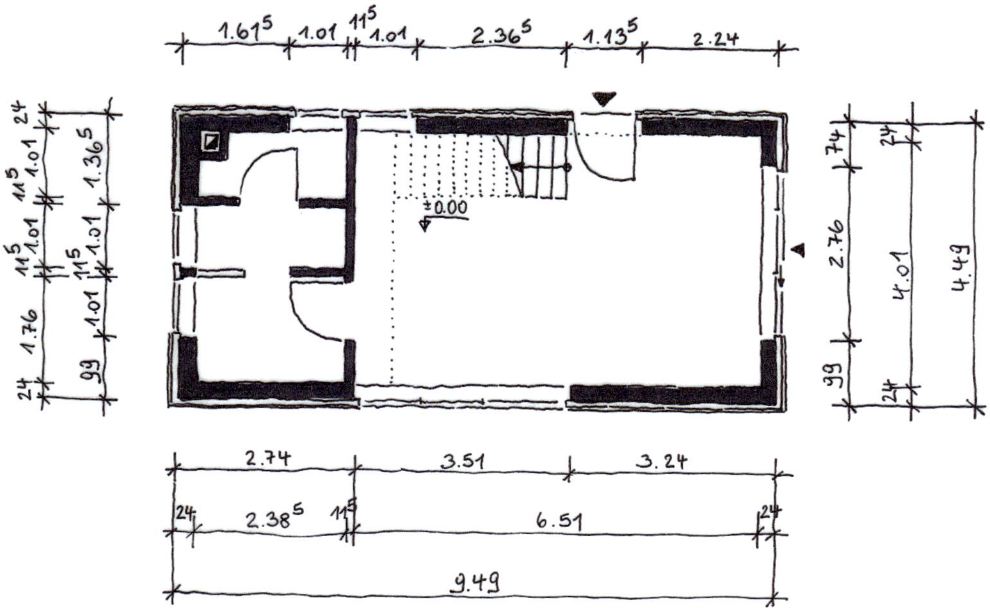

Anbau-/Aufbaumaße	Innenmaße	Außenmaße
nicht vorhanden	1,01 m; $1{,}13^5$ m; 3,51 m; $2{,}38^5$ m; 6,51 m; 1,76 m; 2,76 m; 4,01 m	$1{,}61^5$ m; 11^5 cm; $2{,}36^5$ m; 2,24 m; 2,74 m; 3,24 m; 24 cm; 9,49 m; 99 cm; $1{,}36^5$ m; 74 cm; 4,49 m

Aufgabe Seite 67

1. Tragen Sie die fehlenden Begriffe bezüglich der Herstellung ein.

Künstliche Mauersteine

gebrannte	ungebrannte
Beispiele:	Beispiele:
Mauerziegel	Kalksandsteine
Hochlochziegel	Leichtbetonsteine
Klinker	Porenbetonsteine

Aufgabe Seite 68

2. Folgendes Schema zeigt die **Herstellung von Mauerziegeln**. Tragen Sie in die Kästchen links die fehlenden Begriffe ein.

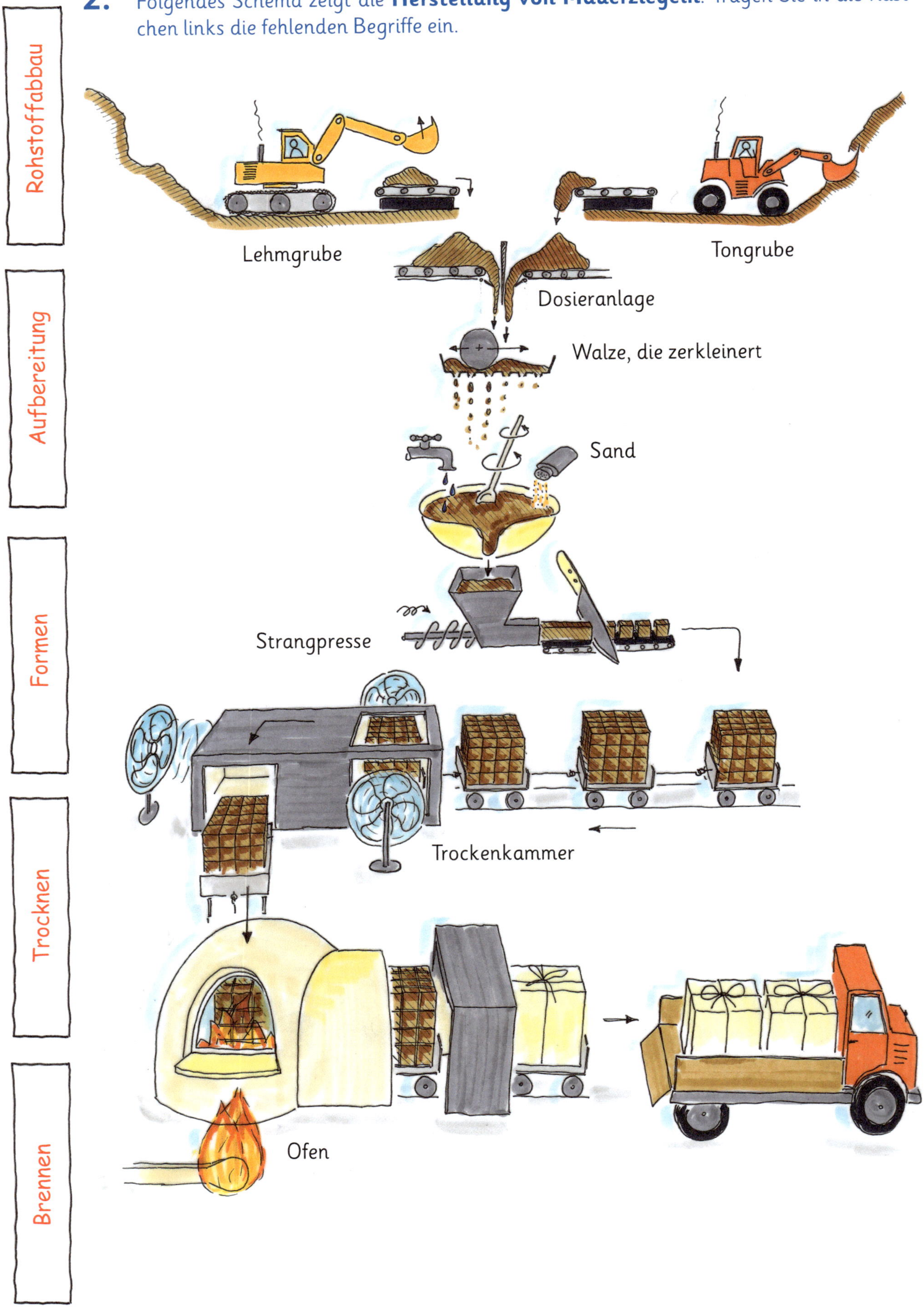

Aufgabe Seite 69

3. Dieses Schema zeigt die **Herstellung von Kalksandsteinen**. Tragen Sie auch hier in die Kästchen rechts die einzelnen Arbeitsschritte ein.

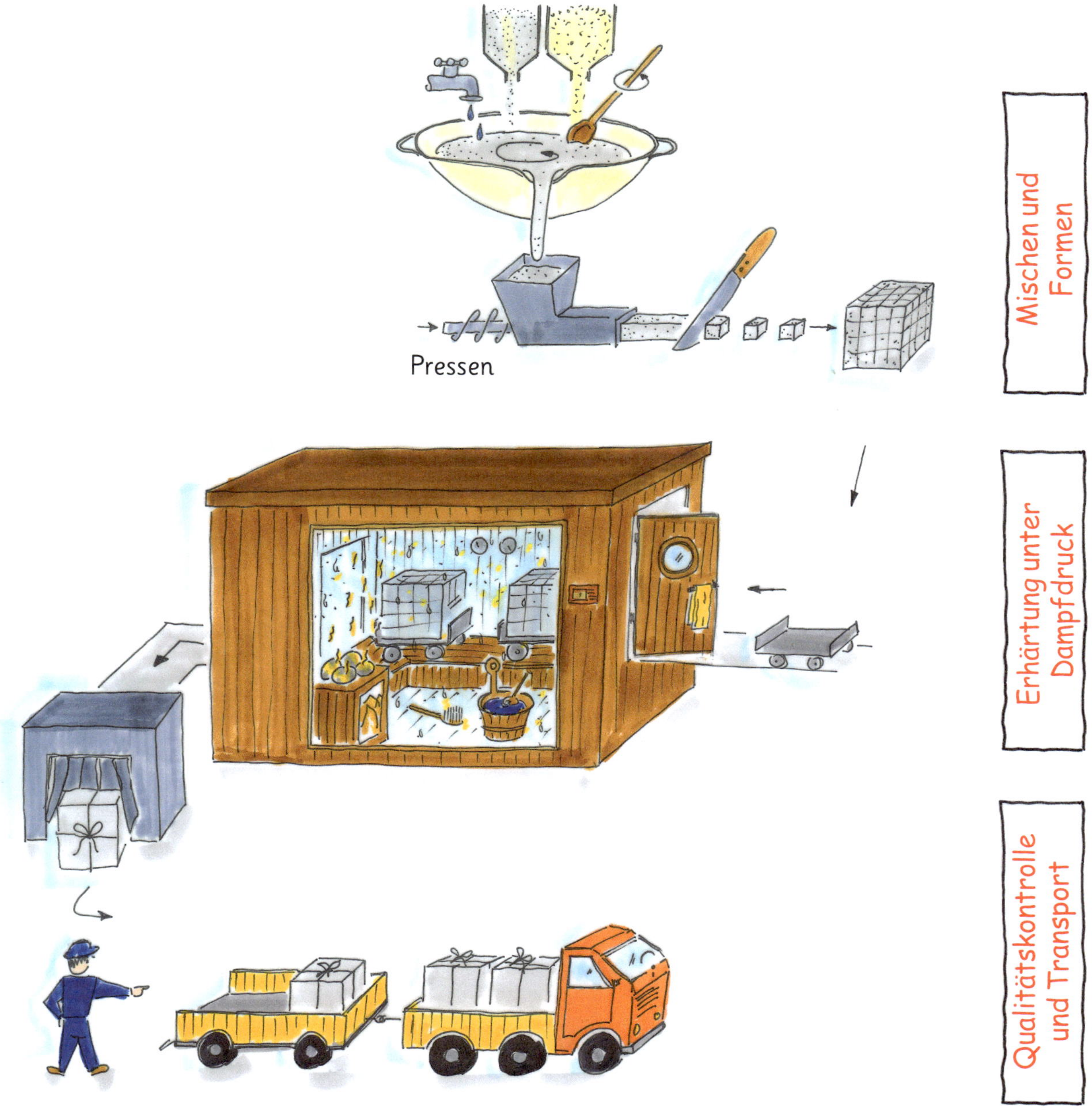

4. Bringen Sie die Aussagen zur Mauerziegelherstellung in die richtige Reihenfolge.

(3) → Die Formgebung erfolgt durch eine Strangpresse. Es entsteht der Rohling.

(1) → In Lehm- bzw. Tongruben wird der Rohstoff abgebaut und zum Ziegelwerk transportiert.

(5) → Das Brennen erfolgt im Tunnelofen bei Temperaturen von 900 … 1200 °C. Je höher die Temperatur, umso größer die Dichte und Festigkeit des Mauerziegels und umso geringer die Wasseraufnahmefähigkeit.

(2) → Der Rohstoff Lehm bzw. Ton wird zerkleinert, in das richtige Ton-/Sand-Mischungsverhältnis gebracht, von unerwünschten Bestandteilen getrennt und durch Wasserzugabe in die gewünschte Plastizität gebracht.

(4) → Die Rohlinge werden bei einer Temperatur bis etwa 100 °C in Trockenkammern getrocknet.

Aufgaben Seite 70/71

5. Lösen Sie das folgende Kreuzworträtsel. (ä = ae; ß = ss)

1. Welche Eigenschaft muss ein Mauerstein besitzen, wenn er für Außenwände verwendet wird und das Haus im Winter schön warm halten soll?
2. Für welche Bauteile werden witterungsbeständige Mauersteine verwendet?
3. Welche Eigenschaft müssen Mauersteine für hoch belastete Wände besitzen?
4. Welche Eigenschaft müssen Mauersteine für unverputzte Außenwände besitzen?
5. Zwei Mauersteine haben die gleichen Abmessungen. Beim Wiegen der Steine wird festgestellt, dass sie unterschiedliche Massen besitzen. In welcher Eigenschaft unterscheiden sich die beiden Steine?

Das Lösungswort ist das Produkt aus Dichte und Volumen.

1.						W	A	E	R	M	E	D	A	E	M	M	F	A	E	H	I	G	K	E	I	T
2.										A	U	S	S	E	N	W	A	E	N	D	E					
3.			D	R	U	C	K	F	E	S	T	I	G	K	E	I	T									
4.	W	I	T	T	E	R	U	N	G	S	B	E	S	T	A	E	N	D	I	G	K	E	I	T		
5.					D	I	C	H	T	E																

6. Sofie und Nico müssen sich für einen Mauerstein für die Außenwände (Umfassungswände) und einen Mauerstein für die Innenwände entscheiden.

Entscheidungskriterien (Kriterien = Gesichtspunkte) können z. B. sein:

- Steineigenschaften wie:
    - Festigkeit
    - Wärmedämmfähigkeit
    - Frostbeständigkeit
    - Schalldämmfähigkeit

    ...
- Bearbeitbarkeit
- Transportweg (vom Hersteller zur Baustelle)
- Preis

- Umweltverträglichkeit: Diesbezüglich müssen Sofie und Nico Antworten auf folgende Fragen suchen:
  - Sind die Rohstoffe für die Herstellung des Mauersteins reichlich vorhanden und leicht abbaubar?
  - Wie hoch ist der Energieverbrauch zur Herstellung eines m³ der Mauersteine?
  - Welche Schadstoffe entstehen bei der Herstellung des Mauersteins (z. B. Abwasser, Emissionen bei der Verbrennung von Öl und Erdgas usw.)?
  - Enthält der Mauerstein toxische (giftige) Stoffe?
  - Ist der Mauerstein recycelbar?

  …
- …

Helfen Sie Sofie und Nico bei der Entscheidung.

Fertigen Sie zwei Listen nach folgendem Vorbild an:

Wahl des Mauersteins für die Außenwände

Entscheidungs-kriterien:	Mauerziegel			Kalksandstein			Leichtbetonstein			Porenbetonstein		
	☺	😐	☹	☺	😐	☹	☺	😐	☹	☺	😐	☹
Wärmedämmfähigkeit		X				X		X		X		
Bearbeitbarkeit		X			X		X			X		
Festigkeit	X			X				X				X
usw.												

Wahl des Mauersteins für die Innenwände

Entscheidungs-kriterien:	Mauerziegel			Kalksandstein			Leichtbetonstein			Porenbetonstein		
	☺	😐	☹	☺	😐	☹	☺	😐	☹	☺	😐	☹
Schalldämmung		X		X				X				X
Bearbeitbarkeit		X			X		X			X		
Preis	(je nach Transportweg)											
usw.												

☺ besonders gut geeignet

😐 geeignet

☹ weniger geeignet

Aufgabe Seite 74

Informieren Sie sich bei den Bauberufsgenossenschaften (www.bgbau.de) und fertigen Sie in Gruppenarbeit eine Wandzeitung zur Arbeitssicherheit beim Mauern an.

Schülerabhängige Lösung

Aufgabe Seite 77/78

Die Abbildungen zeigen nicht fachmännisch hergestelltes Mauerwerk.

Benennen Sie die Regel, die missachtet wurde und geben Sie Gründe für die entsprechende Regel an.

Nicht fachmännisch hergestelltes Mauerwerk	Verletzte Regel	Begründung
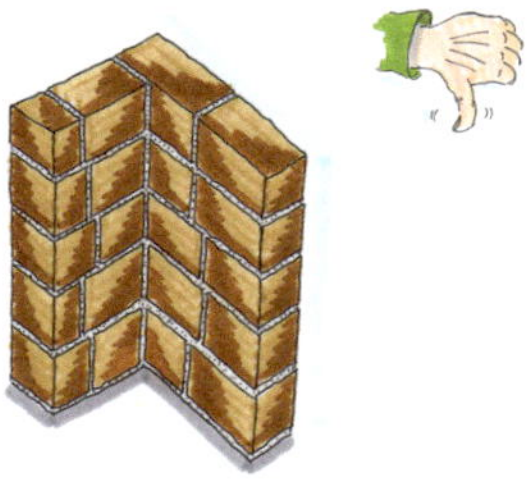	Die Stoßfugen müssen um mind. 1/4-Stein versetzt sein.	Nur dadurch entsteht die erforderliche Verzahnung.
	Möglichst viele ganze Steine verwenden.	Dadurch entstehen wenig Fugen und ein geringer Steinverhau.
	Es ist vollfugig zu mauern.	Nur dann können alle Lasten sicher abgetragen werden.
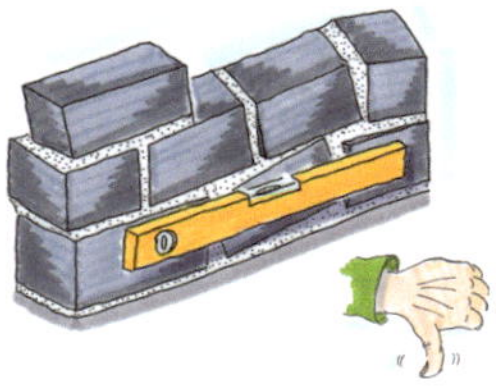	Die Schichten einer Mauer müssen waagerecht sein.	Nur dann können die Wandlasten sicher abgetragen werden.
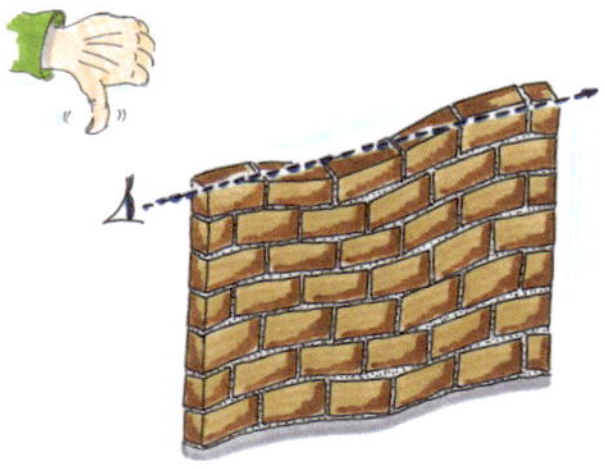	Mauerflächen müssen senkrecht und fluchtrecht sein.	Nur senk- und fluchtrechtes Mauerwerk ist standsicher.
	Im Verband dürfen keine Kreuzfugen auftreten.	Sonst stehen Stoßfugen über Stoßfugen.

Aufgaben Seite 79/80

1. Schülerabhängige Lösung

2. a) Legen Sie die Verbände für die gekennzeichnete Mauerecke und den gekennzeichneten Mauer-anschluss des Hauses von Sofie und Nico mit Ihren Holzklötzchen an.

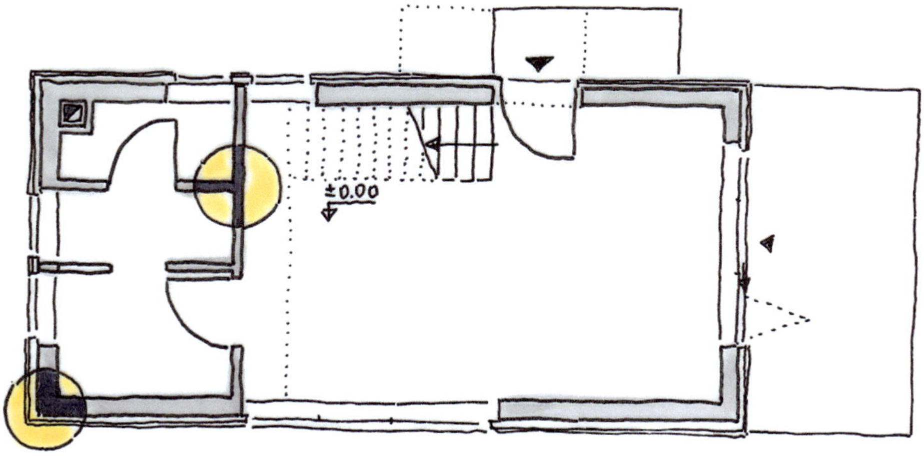

b) Zeichnen Sie anschließend die Verbände in der 1. und 2. Schicht.

Eine Mauersteinlänge entspricht vier Kästchen, eine Mauersteinbreite zwei Kästchen.

Mauerecke Draufsichten

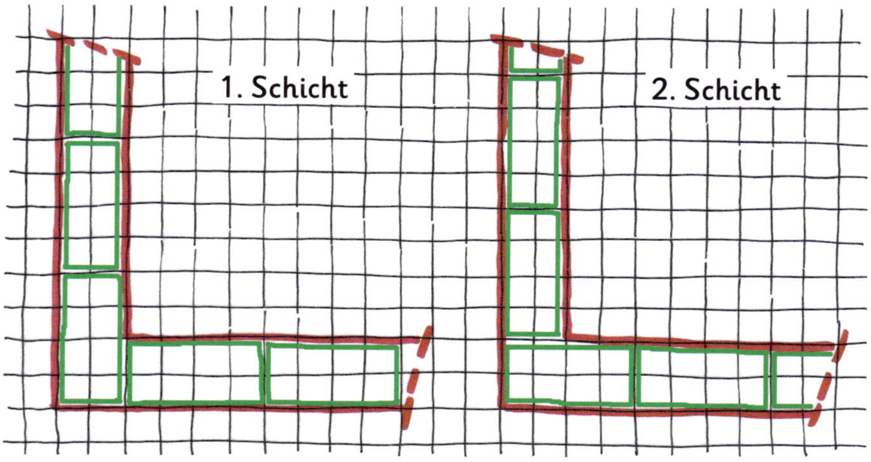

Maueranschluss Draufsichten

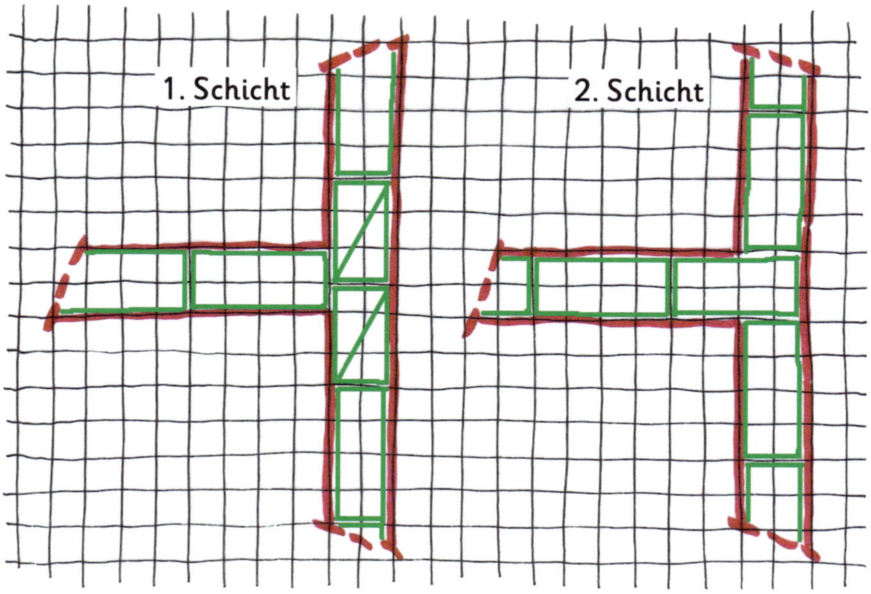

4 Betonbau

Aufgaben Seite 83

1. Welche Aussagen treffen zu?
Beton besteht aus:

- [ ] Gips
- [x] Zement
- [ ] Aluminium
- [ ] Holz
- [x] Wasser
- [ ] Erde
- [x] Gesteinskörnung
- [ ] Kupfer
- [ ] Stahl

2. Sofie und Nico arbeiten beim Betonieren der Decke über dem Erdgeschoss.
Wie wird der Beton genannt, …

a) … solange er verarbeitbar ist? Frischbeton

b) … wenn er erhärtet ist? Festbeton

c) … wenn er auf die Baustelle geliefert wird? Transportbeton

3. Wie wird bewehrter Beton bezeichnet? Stahlbeton

Aufgaben Seite 85

1. Folgendes Schema zeigt die Herstellung von Zement. Tragen Sie in die Kästchen die folgenden Begriffe ein:

Mahlen, Mahlen, Verpacken, Abtransportieren, Kalkstein, Brennen, Ton

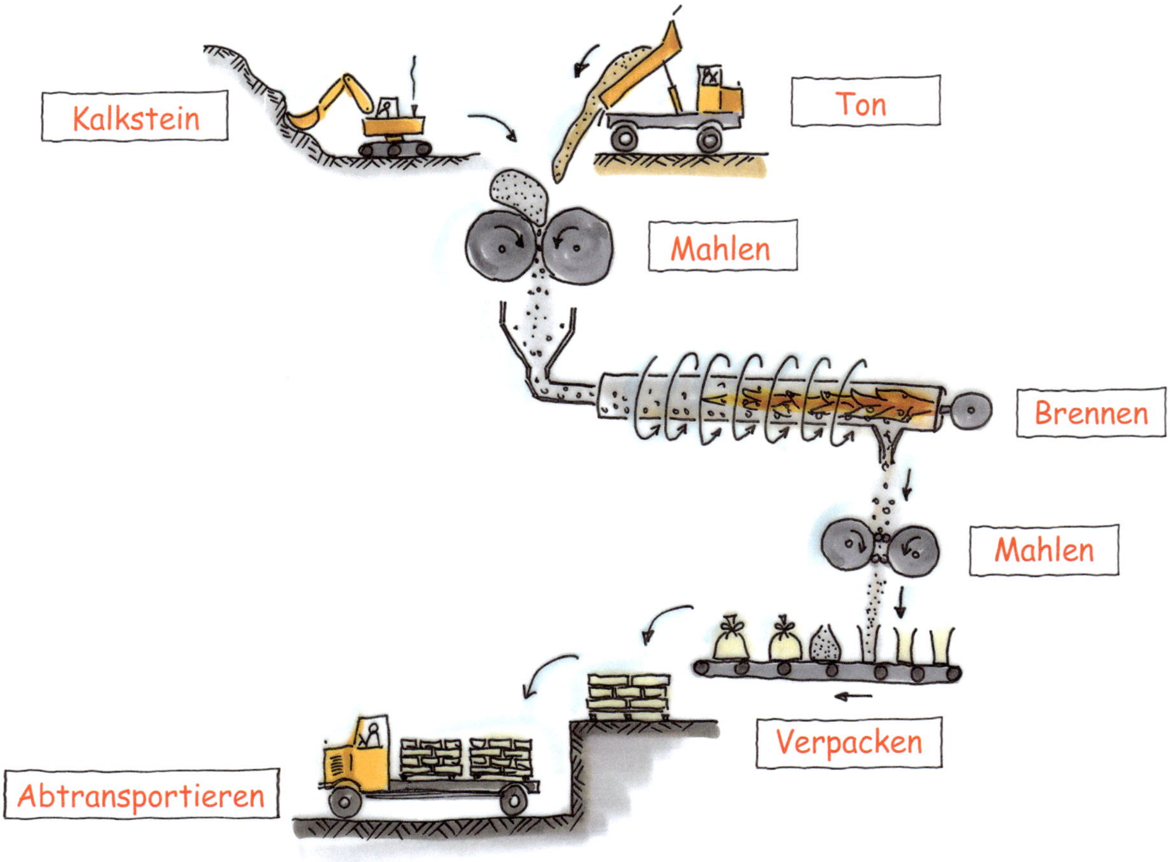

2. Welche Aufgaben übernimmt der Zementleim im Beton?

Zementleim verklebt und verkittet die Gesteinskörner.

3. Vervollständigen Sie folgende Sätze:

Zement wird mit ...Wasser... angemacht. Das Gemisch aus Zement und Wasser wird als ...Zementleim... bezeichnet. Wenn der Zementleim erstarrt, entsteht ...Zement-gel... Wenn der Zement erhärtet, wachsen die Fasern zu einem festen Gefüge zusammen, das als ...Zementstein... bezeichnet wird.

4. Welche Aussagen sind richtig?

Die Mindestdruckfestigkeiten der Zemente betragen:

- [ ] 16,5 N/mm²
- [x] 32,5 N/mm²
- [ ] 36,5 N/mm²
- [x] 42,5 N/mm²
- [x] 52,5 N/mm²
- [ ] 62,5 N/mm²

5. Wie werden Portlandzemente abgekürzt? CEM I

Lückentext Seite 86/87

Verarbeitbarkeit, Hohlräume, Druckfestigkeit, Schwindrisse, gemischt körnig, Bindemittel

Nur Kies

- Die Kornzusammensetzung erfordert viel ...Bindemittel..., um die ...Hohl-räume... auszufüllen.
- Die Kornzusammensetzung begünstigt ...das Schwinden... durch hohen Bindemittelanteil.
- Die Kornzusammensetzung führt zu schlechter ...Verarbeitbarkeit...
- Die Kornzusammensetzung weist eine geringe ...Druckfestigkeit... auf.
- Die Kornzusammensetzung ist [x] schlecht [ ] gut

Nur Sand

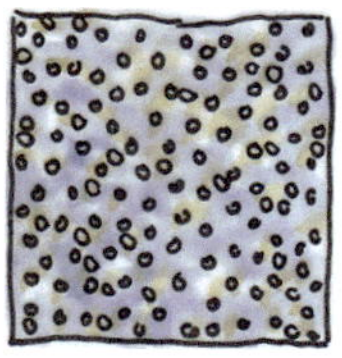

- Die Kornzusammensetzung erfordert viel ...Bindemittel..., um die vielen kleinen Körner zu umhüllen und die Hohlräume auszufüllen.
- Die Kornzusammensetzung begünstigt ...das Schwinden... durch hohen Bindemittelanteil.
- Die Kornzusammensetzung weist geringe ...Druckfestigkeit... auf.
- Die Kornzusammensetzung ist [x] schlecht [ ] gut

Sand + Kies gemischt

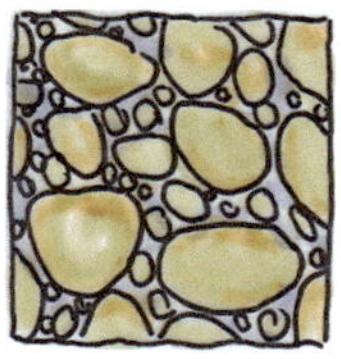

- Die Kornzusammensetzung erfordert weniger ...Bindemittel...
- Die Kornzusammensetzung vermindert ...das Schwinden... durch geringen Bindemittelanteil.
- Die Kornzusammensetzung führt zu guter ...Verarbeitbarkeit...
- Die Kornzusammensetzung bringt hohe ...Druckfestigkeit...
- Die Kornzusammensetzung ist [ ] schlecht [x] gut

Aufgaben Seite 87

1. Welche Gesteinskörnungen werden vorwiegend für Normalbeton verwendet?

Sand, Kies, Brechsand, Splitt

2. Natürliche gebrochene Gesteinskörnungen haben im Gegensatz zu ungebrochenen Gesteinskörnungen eine raue Oberfläche.

a) Wie ist das zu erklären? Das maschinelle Brechen verursacht die raue Oberfläche, die glatte Oberfläche entsteht durch das Transportieren im Wasser.

b) Welchen Vorteil hat eine raue Oberfläche gegenüber einer glatten?

Es wird eine bessere Verzahnung zwischen Zementleim und Korn erreicht.

3. Die beiden abgebildeten Gesteinskörner besitzen das gleiche Volumen bei unterschiedlicher Form.
Welche Form wäre für die Verarbeitung von Beton geeigneter?
Begründen Sie Ihre Wahl.

Kugelige Form – runde Körner lassen sich besser verdichten als längliche.

4. Das Schnittbild eines Betons zeigt ein ungünstiges Korngemisch. Welche der genannten Eigenschaften treffen zu:

hoch, gering, groß, stark, wenig, viele

- Druckfestigkeit gering
- Zementverbrauch hoch
- Schwinden stark
- Hohlräume, Poren viele

Aufgaben Seite 90

1. Wofür steht die Abkürzung *w/z*-Wert? Wasserzementwert

2. Vervollständigen Sie folgenden Satz:
Je ....geringer.......... der *w/z*-Wert, desto ....höher.......... ist die Festigkeit des hergestellten Betons.

3. Auf einer Baustelle lagern 30 Säcke Zement.
Berechnen Sie die Menge Wasser, die zugegeben werden muss, um einen geeigneten *w/z*-Wert von 0,5 zu erhalten.
Die Eigenfeuchte der Gesteinskörnung kann vernachlässigt werden.

$w/z = \frac{W}{Z}$

$W = w/z \cdot Z = 0{,}5 \cdot 30\ \text{Sack} \cdot 25\ \text{kg/Sack} = 375\ \text{kg}$

$= 375\ \text{l}$

4. Folgende Buchstabengruppen ergeben die Lösungswörter.

DRU SER CK ZU GA FES NIG TIG KEIT GE MI SCHT KÖR WAS BE

a) Ein Ausgangsstoff zur Herstellung des Betons

ZU	GA	BE	WAS	SER

b) Eine Eigenschaft des Festbetons

DRU	CK	FES	TIG	KEIT

c) Die Bezeichnung für eine Kornzusammensetzung

GE	MI	SCHT	KÖR	NIG

Aufgaben Seite 92

1. Erklären Sie den Begriff „Konsistenz". Die Konsistenz bezeichnet die Steifigkeit bzw. Verarbeitbarkeit des Frischbetons.

2. Wodurch wird die Konsistenz bestimmt? Kreuzen Sie die richtigen Antworten an.

- [x] Wasser
- [ ] Luft
- [ ] Gesteinskörnung
- [x] Zement
- [ ] Erhärtungszeit
- [ ] ______

3. Beim Einbringen des Frischbetons in die Schalung lösen sich die groben Gesteinskörnungen von den feinen. Welche Konsistenz hat der Frischbeton?

Der Frischbeton besitzt eine steife Konsistenz.

Aufgaben Seite 94

1. Welches ist die wichtigste Eigenschaft des Festbetons? Druckfestigkeit

2. Begründen Sie, warum ein zu hoher *w/z*-Wert die Druckfestigkeit des Betons mindert.

Bei zu hohem *w/z*-Wert wird nicht das ganze Wasser vom Zement gebunden. Das Überschusswasser hinterlässt im Zementstein Poren, die die Druckfestigkeit mindern.

3. Erklären Sie die Bezeichnung C35/45.

C: Kurzzeichen für Beton (Concrete)

35: Mindestdruckfestigkeit von Zylindern

45: Mindestdruckfestigkeit von Würfeln

4. Was führt zu einer höheren Betondruckfestigkeit?

- [ ] Sand als Gesteinskörnung
- [x] Niedriger *w/z*-Wert
- [x] Sand-Kies-Gemisch
- [ ] Viel Zement
- [x] Hohe Zementfestigkeitsklasse
- [ ] Konsistenz

Aufgabe Seite 97

Malen Sie im Querschnitt rechts die Montagestäbe rot, die Bügel grün und die Tragstäbe blau an.

Aufgaben Seite 98

1. Ergänzen Sie folgende Sätze:

Bei Stahlbetonbauteilen nimmt der Beton die Druckspannungen und der Stahl die Zugspannungen auf. Die Stahleinlagen sind deshalb immer dort anzuordnen, wo Zugkräfte auftreten. Die Bügel nehmen Schubspannungen auf.

2. Wovon hängt die Haftung zwischen Stahl und Beton im Wesentlichen ab?

Die Haftung hängt entscheidend von der gerippten Stahloberfläche ab.

3. Warum wird die Verbundwirkung auch bei großen Temperaturschwankungen nicht beeinträchtigt? Beton und Stahl besitzen die gleiche Wärmeausdehnung.

4. Warum muss die Schalhaut **vor** dem Einbringen der Bewehrung mit Schalöl eingesprüht werden?

Schalöl auf der Stahloberfläche mindert die Haftung.

5. An einer Stahlbetonwand zeigen sich Abplatzungen und rostender Stahl wird sichtbar. Welche Ursachen kann das haben? Die Betondeckung ist zu gering.

Aufgaben Seite 99/100

1. Welche Kräfte nimmt der Betonstahl auf?

Zug- und Schubkräfte

2. In welchen zwei Formen kommen Betonstähle zum Einsatz?

Betonstabstahl

Betonstahlmatte

3. Die Bodenplatte von Sofies und Nicos Wunschhaus soll mit Betonstahlmatten bewehrt werden. Welchen Vorteil hat das gegenüber Betonstabstählen?

Das Bewehren mit Matten ist weniger arbeitsaufwendig.

4. Lösen Sie das Kreuzworträtsel auf der folgenden Seite.
Wie heißt das senkrechte Wort in den grau unterlegten Feldern?

a) Was bedeutet die Abkürzung „CEM“?

b) Welche Kraft kann Beton aufnehmen?

c) Wie wird erstarrter Zementleim bezeichnet?

d) Wie wird die Steifigkeit des Frischbetons bezeichnet?

e) Wie ist die Oberfläche der Betonstähle beschaffen?

f) Wie wird die Bewehrung für Balken bezeichnet?

g) Wie wird beim geplanten Haus die Gründung bezeichnet?

h) Woraus besteht die Bewehrung?

a)							Z	E	M	E	N	T				
b)					D	R	U	C	K							
c)	Z	E	M	E	N	T	G	E	L							
d)							K	O	N	S	I	S	T	E	N	Z
e)					G	E	R	I	P	P	T					
f)					S	T	A	B	S	T	A	H	L			
g)							F	U	N	D	A	M	E	N	T	
h)	B	E	T	O	N	S	T	A	H	L						

Aufgaben Seite 103

1. Aus welchen Teilen besteht eine Schalungskonstruktion und welche Aufgaben übernehmen die einzelnen Schalungsteile?

Schalhaut: Formt den Beton und bestimmt die Oberfläche.

Unterkonstruktion: Leitet die Kräfte weiter und steift die Schalung aus.

Unterstützung: Leitet die Kräfte in den Untergrund weiter.

2. Welche Anforderungen werden an die Schalhaut gestellt?

Die Schalhaut muss maßgenau, sauber und dicht sein. Sie muss vor dem Betonieren mit Trennmitteln behandelt werden.

3. Erklären Sie, warum die Schalung vor dem Bewehren mit einem Trennmittel versehen und vor dem Betonieren genässt werden muss?

Trennmittel verhindern, dass beim Ausschalen Betonteile an der Schalhaut haften bleiben. Durch Nässen schließen sich die Fugen.

4. Welche Vorteile haben kunstharzbeschichtete Schalungsplatten gegenüber Brettschalungen?

Sie erleichtern das Ausschalen und Reinigen und haben eine höhere Lebensdauer.

5. Die Schalung ist vor dem Betonieren zu prüfen auf:

- [ ] Schönheit
- [x] Maßgenauigkeit
- [x] Verschmutzungen
- [ ] Pflegezustand
- [x] Standsicherheit

Aufgaben Seite 105

1. Welche Aufgaben übernimmt

a) die Unterkonstruktion? Sie nimmt die Kräfte auf und steift die Schalung aus.

b) die Unterstützung? Sie leitet die Kräfte in den Untergrund und sichert die Lage der Schalung.

2. Erklären Sie den Begriff „Gurtholz“.

Gurtholz ist ein im oberen Bereich der Schalung angeordnetes Kantholz, das die Kräfte aus der Verspannung aufnimmt.

3. Welche Vorteile haben Stahlrohrstützen gegenüber Kantholzstützen?

Stahlrohrstützen lassen sich jeder gewünschten Länge anpassen und haben eine höhere Lebensdauer.

4. Warum müssen die seitlichen Schalungsteile verspannt werden?

Die Verspannung verhindert, dass der Frischbeton die Schalung auseinanderdrückt.

5. Warum müssen die Stützen einer Deckenschalung nach beiden Seiten ausgesteift werden?

Die Aussteifung verhindert, dass die Schalung durch waagerechte Kräfte verschoben wird.

Aufgaben Seite 111

1. Über der Eingangstür des Wunschhauses von Sofie und Nico wird ein Stahlbetonbalken ausgeführt. Zeichnen Sie hierfür den Schalungsplan im Maßstab 1 : 20 (Seitenschalung und Bodenschalung).

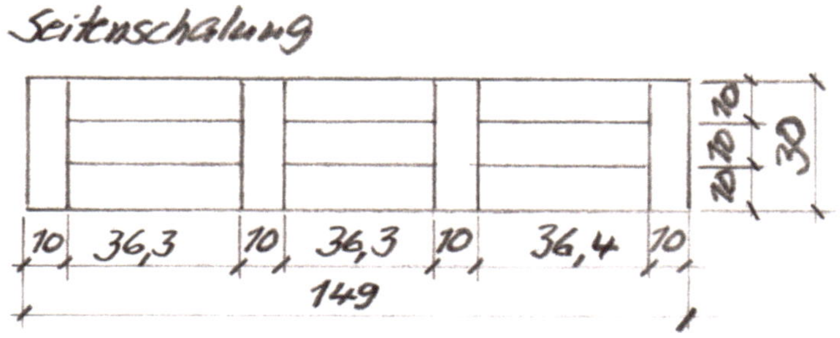

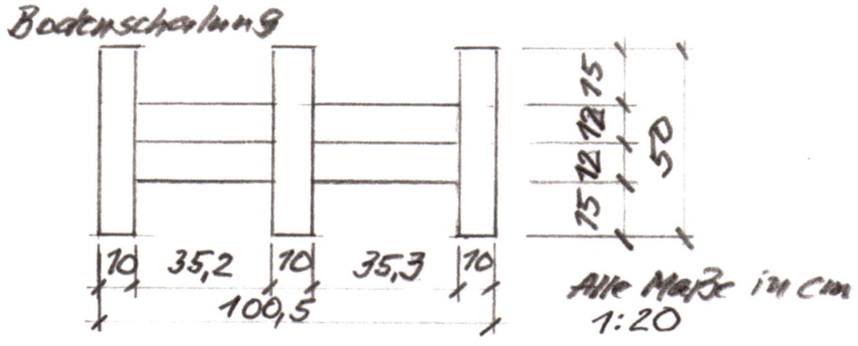

2. Die Decke über dem Erdgeschoss hat eine Fläche von 10,81 m². Wie viele Schalbretter müssen zur Verfügung stehen, wenn mit einem Verschnittzuschlag von 12 % zu rechnen ist?

Deckenfläche = $10{,}81\ m^2$

Schalbretterbedarf = $10{,}81\ m^2 \cdot 1{,}12$

= $\underline{12{,}11\ m^2}$

3. Warum kann das Verspannen der Schalung erst dann erfolgen, wenn die Bewehrung eingebracht ist?

Für das Einbauen der Bewehrung muss die Balkenschalung frei zugänglich sein.

Aufgaben Seite 114

1. Geben Sie mindestens vier Punkte an, die im Stahlauszug enthalten sind.

Positionsnummer, Anzahl Stäbe, Stabdurchmesser, Stablänge

2. Vier Stähle mit einem Durchmesser von 22 mm und einer Schnittlänge von 6,48 m werden in einen Stahlbetonbalken eingebaut. Ermitteln Sie

a) die Gesamtlänge, $l_{ges.} = 4 \cdot 6{,}48\ \text{m} = \underline{\underline{25{,}92\ \text{m}}}$

b) die Gesamtmasse der Stähle, wenn die Masse je m 2,984 kg beträgt.

$m_{ges.} = 25{,}92\ \text{m} \cdot 2{,}984\ \text{kg/m} = \underline{\underline{77{,}345\ \text{kg}}}$

3. Welche Aufgaben haben die Abstandhalter? Abstandhalter haben die Aufgabe, dass die vorgeschriebene Betondeckung eingehalten wird.

Aufgaben Seite 118

1. Welche Maßnahmen sind zu treffen, wenn Beton aus großer Höhe in die Schalung eingebracht wird?

Es sind besondere Fördergeräte einzusetzen, damit der Frischbeton sich nicht entmischt.

2. Warum muss Frischbeton nach dem Einbringen verdichtet werden?

Der eingebrachte Frischbeton besitzt noch viele Hohlräume.

Durch Verdichten werden sie entfernt.

3. Welche Verdichtungsart würden Sie vorschlagen?

Konsistenz	steif	plastisch	weich
Verdichtungsart	Stampfen	Rütteln	Stochern, Klopfen

4. Welche Arbeitsregeln sind beim Einsatz einer Rüttelflasche zu beachten?

- Rüttelflasche zügig eintauchen
- Abstand der Eintauchstellen 25 … 70 cm
- Eintauchen in die verdichtete Schicht 10 … 20 cm
- So lange rütteln, bis sich an der Oberfläche Wasser zeigt

5. Der Stahlbetonbalken wurde bei sonnig-heißem Wetter betoniert. Welche Maßnahmen sind nach dem Betonieren zu ergreifen? Begründen Sie diese Maßnahmen.

Der Beton ist vor vorzeitigem Austrocknen durch Besprühen mit Wasser und durch Abdecken mit Folien und vor Temperaturschwankungen durch Abdecken mit Matten zu schützen.

5 Holzbau

Aufgaben Seite 122

1. Lösen Sie folgendes Kreuzworträtsel (ö = oe):
„Was liefert uns die Natur?“

Lösungswort:

B A U H O L Z

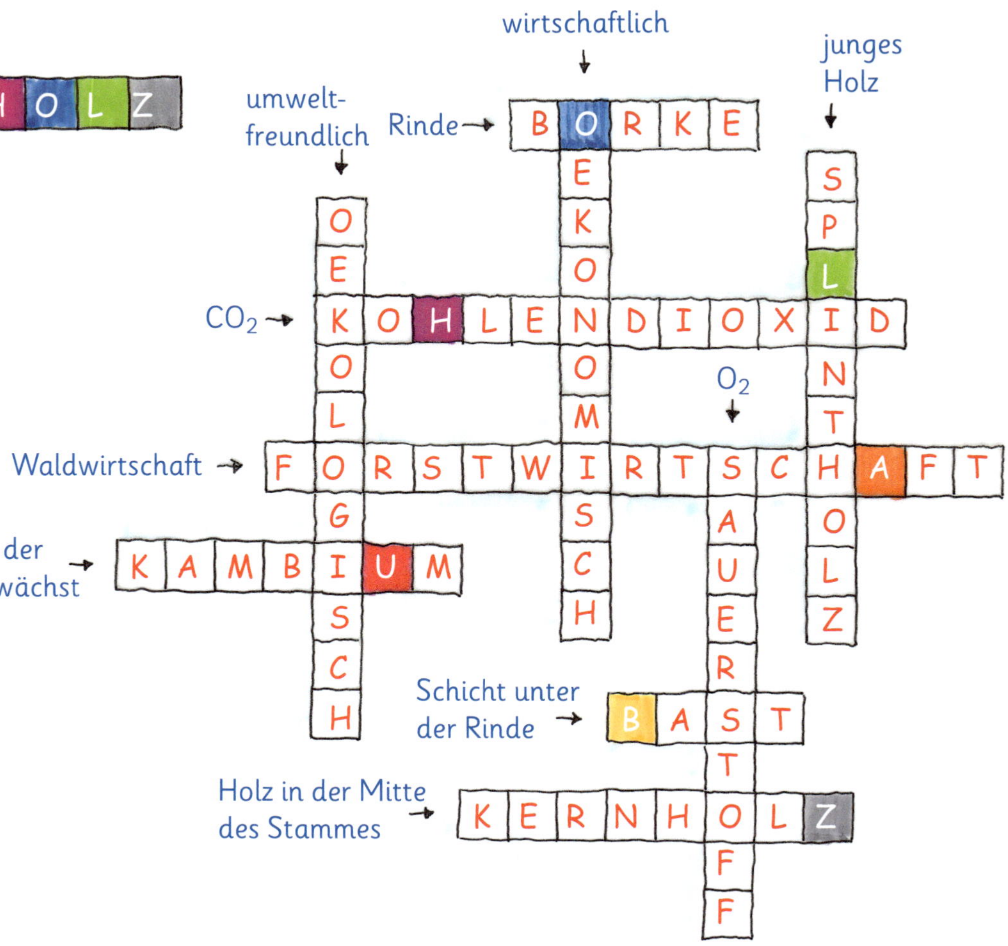

2. a) Welcher der Bäume ist älter?

Der Baum A ist älter, denn er hat mehr Jahrringe als Baum B.

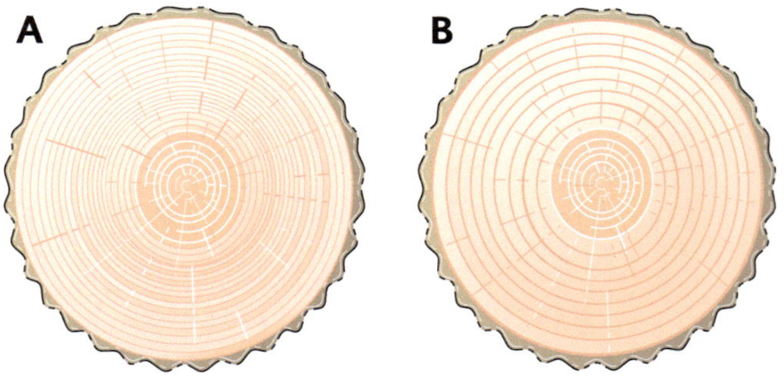

b) Beide Bäume sind von der gleichen Art. Können Sie eine Aussage bezüglich des Klimas machen, in dem diese Bäume gewachsen sind?

Der Baum A hat dünnere Jahrringe als Baum B. Da beide Bäume von der gleichen Art sind, ist Baum B in einem wärmeren Klima gewachsen als Baum A.

Aufgabe Seite 124/125

Ergänzen Sie die Schriftfelder der nachfolgenden Abbildungen.

Nadelbäume

Kiefer

Tanne

Lärche

Fichte

Douglasie

Laubbäume

Eiche

Rotbuche

Aufgabe Seite 126

Beschreiben Sie kurz, in welchen Handelsformen Holz erhältlich ist.

Rohholz	gefälltes und entastetes Holz (eventuell auf Länge gesägt)
Rundholz	entrindetes Holz (eventuell an den Seiten geschnitten)
Bauschnittholz	im Sägewerk geschnittenes Holz (Kantholz, Bohle, Brett, Latte)

Aufgaben Seite 127

1. Wieso „arbeitet" Holz?

Holz kann Feuchtigkeit aufnehmen (Quellen) oder Feuchtigkeit abgeben (Schwinden).

Dadurch entstehen Formänderungen.

2. a) Skizzieren Sie die Verformung infolge von Schwinden eines Kernbrettes und eines Seitenbrettes.

Kernbrett

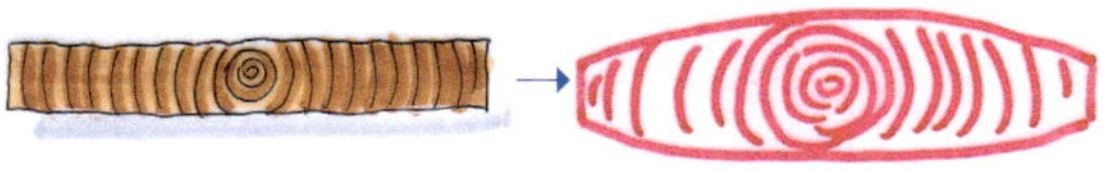

Seitenbrett

b) Wieso sind Kernbretter wertvoller als Seitenbretter?

Kernbretter sind wertvoller, weil sie sich weniger verformen.

Ursache dafür ist, dass Splintholz mehr schwindet als Kernholz.

Aufgabe Seite 128

Welchen wesentlichen Vorteil hat die künstliche Trocknung gegenüber der natürlichen Trocknung?

Die künstliche Trocknung hat den Vorteil, dass Hölzer viel schneller trocknen und somit früher verwendet werden können.

Aufgabe Seite 129

Was sagt die Sortierklasse eines Holzes aus?

Die Sortierklasse gibt Auskunft über die Tragfähigkeit des Holzes.

Aufgabe Seite 131

Benennen Sie die Holzwerkstoffe, welche hier im Schnitt dargestellt sind:

a)

Tischlerplatte

b)

Spanplatte

c)

Furnierplatte

d)

OSB-Platte

Aufgaben Seite 133

1. Welche Aufgabe haben Dichtungsbahnen beim baulichen Holzschutz?

Dichtungsbahnen verhindern, dass Feuchtigkeit in das Holz eindringen kann.

2. Welche Verfahren werden beim chemischen Holzschutz unterschieden?

Oberflächenschutz — Randschutz

Tiefschutz — Vollschutz

Aufgaben Seite 138/139

1. Ergänzen Sie folgende Übersicht zu den oben kennengelernten Holzverbindungen.

Holzverbindungen

- zimmermannsmäßig: Überblattung, Zapfenverbindung, Versatz, Kerve
- mechanisch: Nagelverbindung, Schraubenverbindung, Bolzenverbindung, Blechformverbindung

2. Skizzieren Sie für folgende Hölzer jeweils eine zimmermannsmäßige und eine mechanische Verbindung. Benennen Sie Ihre Verbindungen.

	zimmermannsmäßige Verbindung	**mechanische Verbindung**
a) Hölzer stehen senkrecht aufeinander	Zapfenverbindung 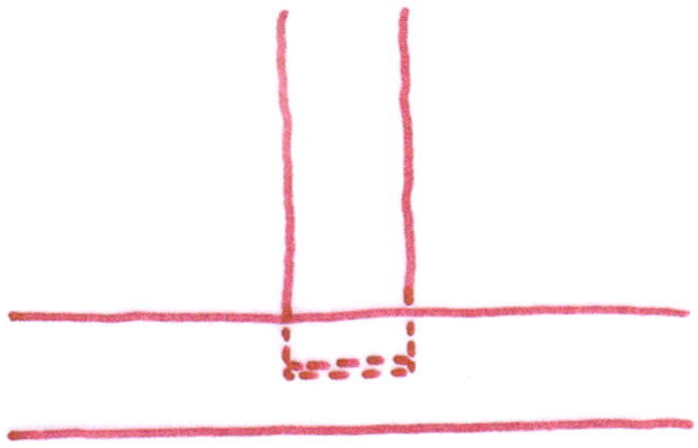	Blechformverbindung 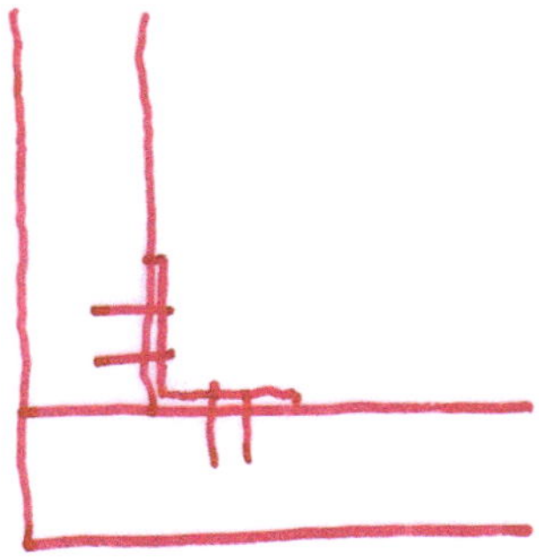
b) Hölzer stehen schräg aufeinander	Versatz 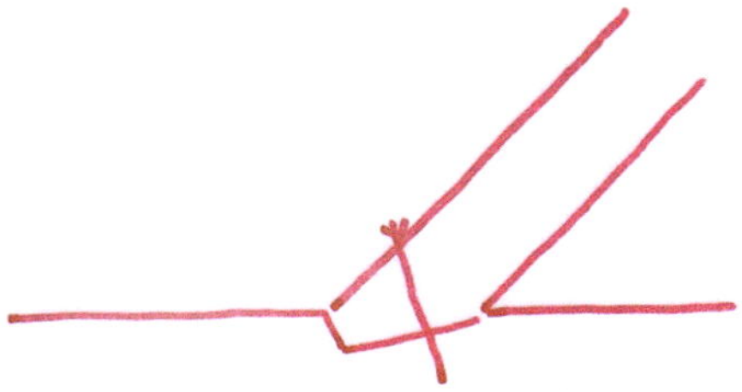	Bolzenverbindung 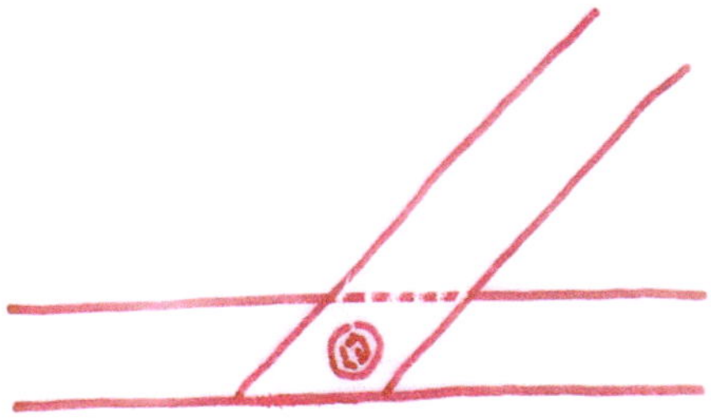

3. Welche Vorteile haben mechanische Verbindungen gegenüber den zimmermannsmäßigen Verbindungen?

Die mechanischen Verbindungen können schneller, also auch kostengünstiger hergestellt werden.

4. Welche Vor- und Nachteile haben Schraubenverbindungen gegenüber Nagelverbindungen?

Vorteile: höherer Ausziehwiderstand; leicht zu lösende Verbindung

Nachteile: müssen eingedreht werden; höherer Arbeitsaufwand

Aufgabe Seite 141

Überlegen Sie sich, welche Bauteile des Hauses von Sofie und Nico aus Holz und Holzwerkstoffen hergestellt werden könnten.

Dachstuhl

Fassade

Treppe

Türen

Aufgaben Seite 144

1. Welche Vorsichtsmaßnahmen hat Sofie für ihre Arbeit mit der Handkreissäge getroffen und weshalb?

Sie hat
- ihre Haare zusammengebunden, damit sie nicht in die Säge kommen können
- eine Schutzbrille auf, damit nichts in ihre Augen kommen kann.

Was hat sie nicht beachtet?

Sie hat ihren Schmuck nicht abgelegt.

2. Skizzieren Sie die kennengelernten Werkzeuge in die dafür vorgesehenen Felder und schreiben Sie die Bezeichnungen dazu.

Sägen			Stemmen		
Hand-säge	Fuchs-schwanz	Handkreis-säge	Stech-beitel	Loch-beitel	Stoß-axt
			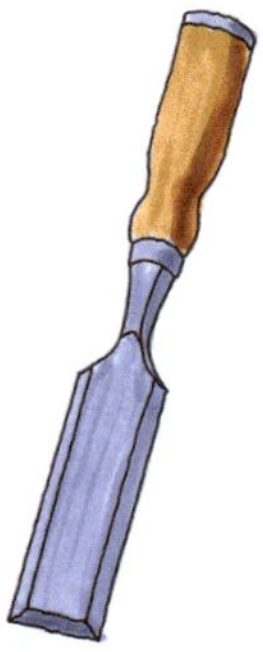	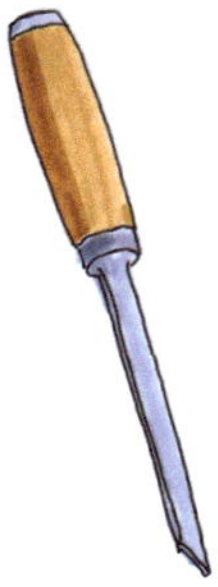	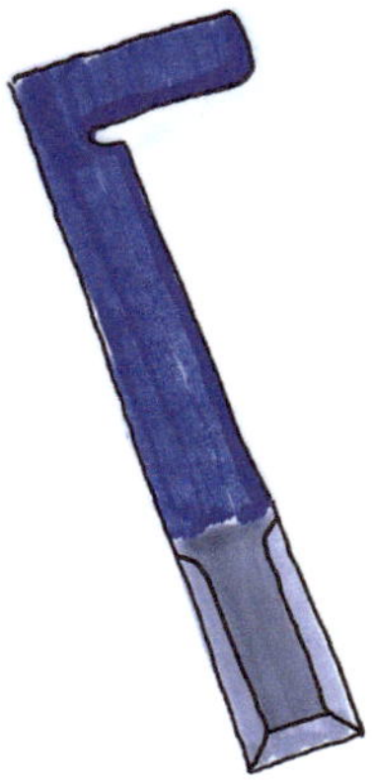
bei groben Arbeiten für Längsschnitte, Querschnitte und geschweifte Schnitte	für kleine Sägearbeiten	zum Zuschneiden von z. B. Brettern, Bohlen und Kanthölzern auf der Baustelle	zur Herstellung von Löchern	zur Herstellung von tiefen Löchern	zum Abspalten der Abfallstücke bei Zapfen oder Blattungen, zum Glattputzen gestemmter Flächen und zum Anstoßen der Fasen bei Zapfen

Aufgabe Seite 145

Ergänzen Sie die fehlenden Begriffe in der Skizze.

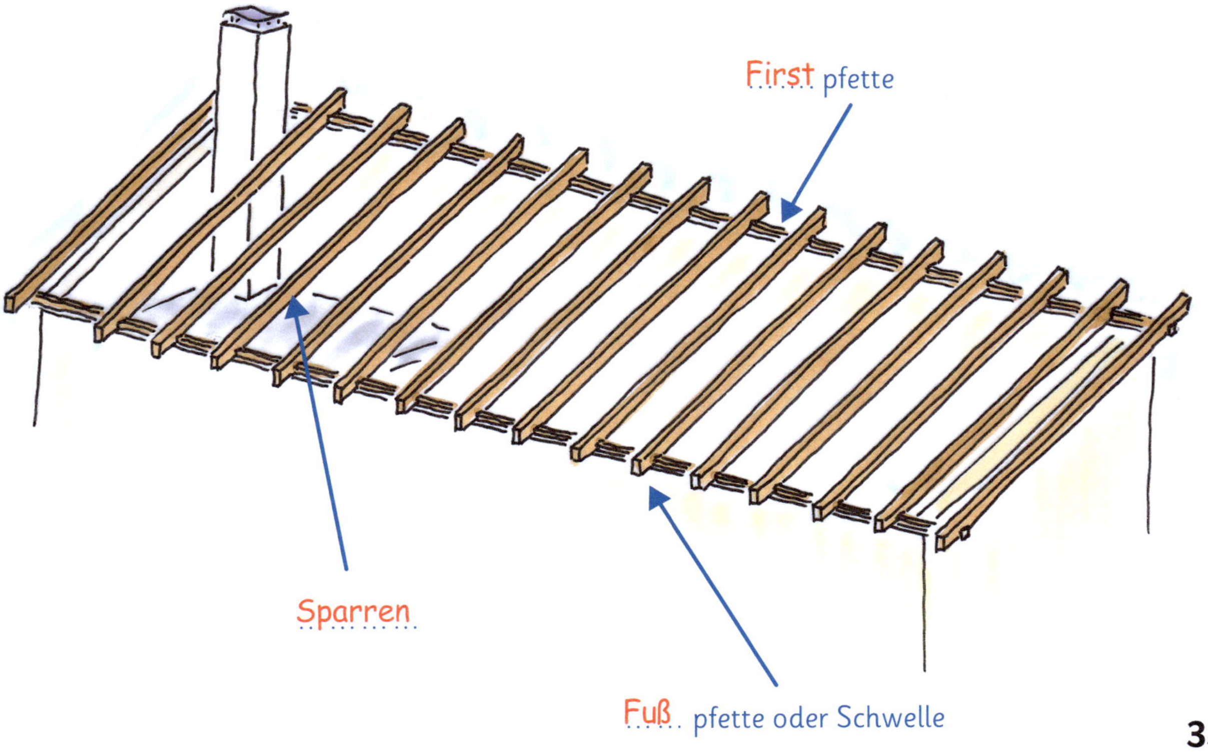

Aufgabe Seite 147

Zeichnen Sie die Spannweite der Sparren und einen Sparrenabstand in die Skizze ein.

Spannweite = Abstand zwischen den Auflagepunkten

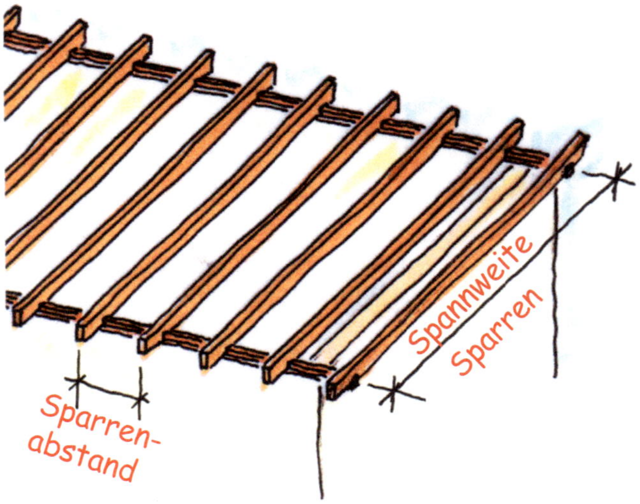

Aufgaben Seite 147

1. Ermitteln Sie zeichnerisch die Sparrenlänge und die Lage der Kerven. Beachten Sie dabei, dass die Kerventiefe nur ¼ der Sparrenhöhe betragen darf. Nutzen Sie dazu bitte die maßstabgerechte Vorlage D im Anhang.

Lösung S. 35

2. Ermitteln Sie rechnerisch die Anzahl der Sparren. Achten Sie darauf, dass an den Seiten jeweils ein Sparren liegen muss, d. h., dass die Anzahl der Sparren um 1 größer als die Anzahl der Abstände ist.

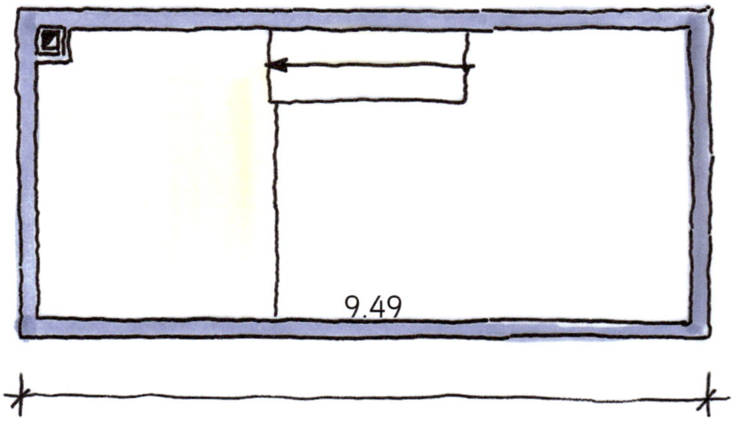

Pfettenüberstand: 20 cm (gewählt)

Pfettenlänge: $l_{Pfette} = 9{,}49\ m + 2 \cdot 0{,}2\ m = 9{,}89\ m$

Sparrenabstand: 70 cm (gewählt)

Anzahl Sparren: (9,89 m : 0,70 m/Sparren) + 1 Sparren = 16 Sparren

Anmerkung: Die Sparren rechts und links vom Schornstein liegen etwas weiter auseinander. Dadurch verkürzen sich die übrigen Abstände geringfügig.

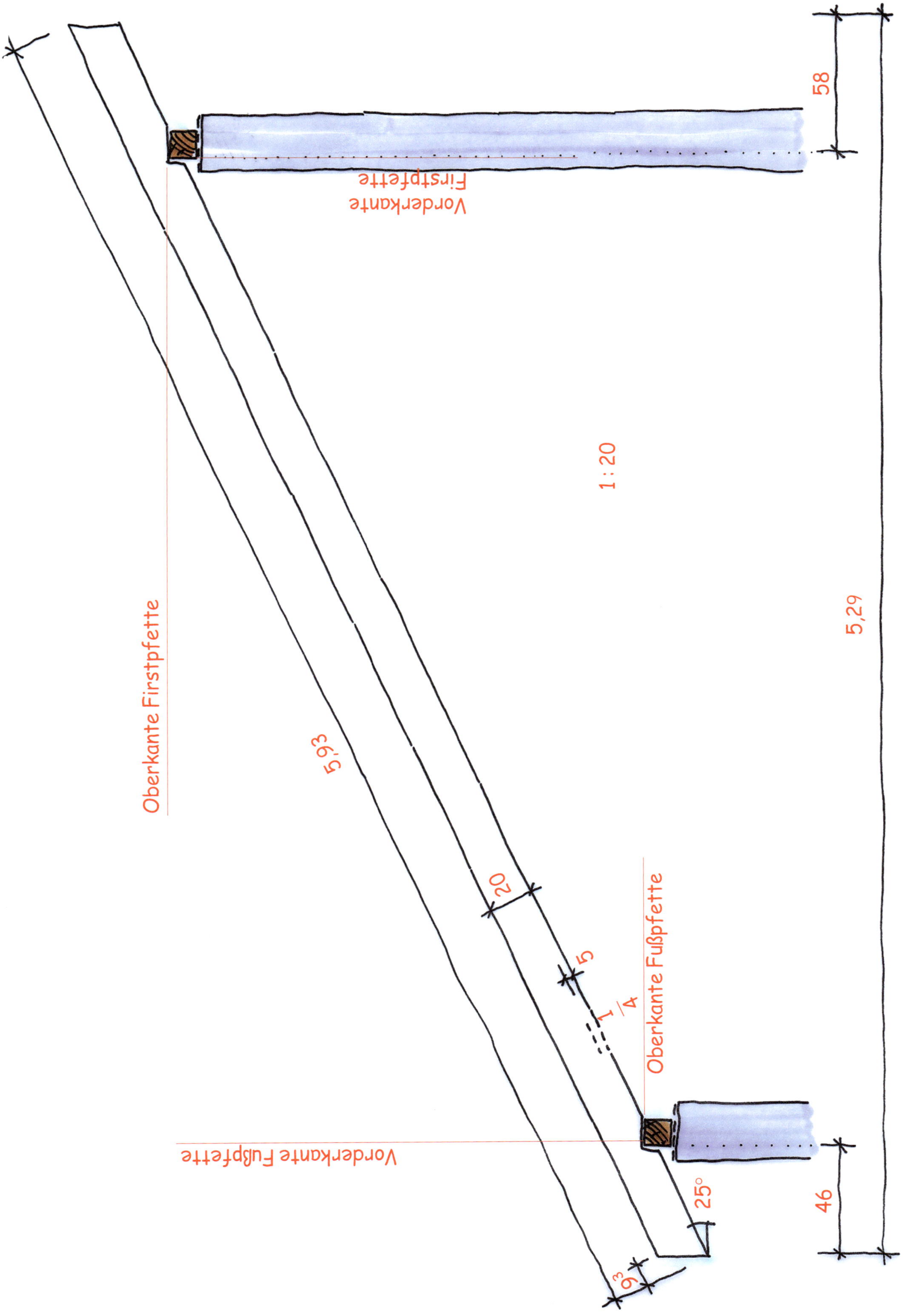
58
Vorderkante Firstpfette
1 : 20
Oberkante Firstpfette
5,93
5,29
20
5
1/4
Oberkante Fußpfette
Vorderkante Fußpfette
25°
46
9
3

Aufgaben Seite 149/150

1. Erstellen Sie für Sofies und Nicos Haus eine Holzliste des Dachstuhls und berechnen Sie den gesamten Holzbedarf.

Pos	Bezeichnung	Anzahl	Querschnitt in cm	Länge in m einzeln	Länge in m gesamt	Volumen in m^3	Bemerkung
1	Pfetten	2	12/12	9,89	19,78	0,285	
2	Sparren	16	12/20	5,92	94,72	2,273	
					Fertigholzmenge:	2,56	

2. Wie viel Schnittholz brauchen die beiden jungen Leute für die Herstellung des Dachstuhls, wenn mit einem Verschnitt von 6 % zu rechnen ist?

$2{,}56\ m^3 \cdot 1{,}06 = \underline{2{,}71\ m^3}$

3. Zeichnen Sie auf den Pfetten die Lage der Ankerschrauben ein.
(Abstand der Ankerschrauben: 1 … 1,5 m)
Beachten Sie, dass die Schrauben die Verlegung der Sparren nicht behindern dürfen.

Anmerkungen:
- Die Zeichnung ist nicht maßstäblich.
- Bei Sparrenabständen von 60 ... 80 cm sind schülerabhängige Lösungen mit 14 ... 18 Sparren möglich.
- Die Zeichnung zeigt einen Lösungsvorschlag mit 15 Sparren.

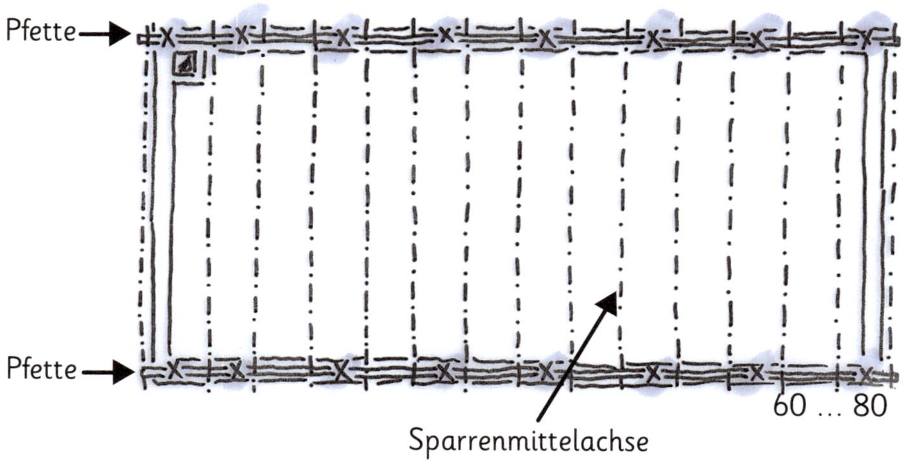

6 Beschichten und Bekleiden

Aufgabe Seite 153

Außenwände und Innenwände werden unterschiedlich beansprucht. Kreuzen Sie in der folgenden Tabelle an, welchen Beanspruchungen die Wandarten ausgesetzt sind.

	Außenwand	Innenwand
Schlagregen	X	
Sonneneinstrahlung	X	
Frost	X	
Luftfeuchte	X	X
mechanische Beanspruchung	X	X

Aufgabe Seite 154

Sofie und Nico sollen den Putzgrund der Innenwände ihres Wunschhauses beurteilen. Helfen Sie ihnen dabei. Welche der unten stehenden Feststellungen sind mit den genannten Proben zu treffen?

Optische Probe

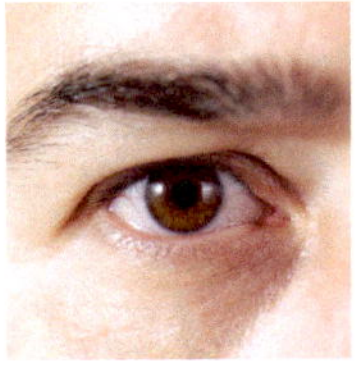

Wischprobe

(Optische Probe und Wischprobe:)
- Schalholzreste erkennen
- Reste von Trennmitteln feststellen
- Verschmutzungen sehen
- Staub feststellen
- lockere Teile auf der Oberfläche erkennen

Kratzprobe

- Tragfähigkeit des Untergrunds feststellen

Benetzungsprobe

- Saugfähigkeit prüfen

Schalholzreste erkennen – Saugfähigkeit prüfen – Staub feststellen – Reste von Trennmitteln feststellen – lockere Teile auf der Oberfläche erkennen – Tragfähigkeit des Untergrunds feststellen – Verschmutzungen sehen

Aufgaben Seite 157

1. Aus welchen Bestandteilen besteht Werktrockenmörtel?

Werktrockenmörtel besteht aus

Gesteinskörnung, Bindemittel und Zusatzstoffen.

2. Wie müssen Säcke mit Werktrockenmörtel gelagert werden?
Kreuzen Sie das richtige Bild an und begründen Sie Ihre Wahl.

Werktrockenmörtel muss trocken gelagert werden. Gelangt Feuchtigkeit in die Säcke,

so beginnt der Mörtel zu erhärten und wird unbrauchbar.

3. Wie müssen Sofie und Nico vorgehen, wenn sie Gipsmörtel herstellen?

1. Zuerst wird sauberes, kaltes Wasser
in den Mörtelkübel gegeben.

2. Dann wird der Gips eingestreut.
Gipsmörtel enthält keine Gesteinskörnung,
er besteht nur aus Bindemittel und Wasser.

3. Anschließend wird durch Hin- und Herbewegen
der Kelle im Kübel der Gipsmörtel gut durchmischt.

Aufgaben Seite 162/163

1. Sofie und Nico sollen den Materialbedarf für den 10 mm dicken Innenwandputz ihres Badezimmers berechnen. Die zu verputzende Fläche beträgt 33 m^2, der Mörtelverlust wird auf 4 % geschätzt. Die Ergiebigkeit eines Sackes Trockenmörtel beträgt 27 l Frischmörtel.

Helfen Sie dabei.

Wie groß ist der Festmörtelbedarf?

Volumen Festmörtel je m^2: 10 mm Putzdicke erfordern

10 l Festmörtel je m^2

Wie groß ist der Frischmörtelbedarf?

Frischmörtelbedarf je m^2: $10\ l/m^2 \cdot 1{,}04 = 10{,}4\ l/m^2$

Frischmörtelbedarf (gesamt): $10{,}4\ l/m^2 \cdot 33\ m^2 = 343{,}2\ l$

Wie viele Säcke Trockenmörtel werden gebraucht?

Anzahl Säcke: 343,2 l : 27 l/Sack = 12,7 Sack

13 Säcke müssen bestellt werden.

2. Der Arbeitsablauf beim Verputzen einer Wand ist in Bildern dargestellt.
Schreiben Sie zu jedem Bild einen erklärenden Satz. Anhaltspunkte geben die unten stehenden Stichworte.

Putzgrund abbürsten

überstehende Teile entfernen

grobe Unebenheiten zuspachteln

hervorstehende Ecken mit Eckleisten versehen

Mörtel mit Spritzkopf gleichmäßig auftragen

Mörtel gleichmäßig verteilen

Mörtel mit Spritzkopf gleichmäßig auftragen – Putzgrund abbürsten – grobe Unebenheiten zuspachteln – hervorstehende Ecken mit Eckleisten versehen – Mörtel gleichmäßig verteilen – überstehende Teile entfernen

Aufgabe Seite 165

Wodurch unterscheidet sich eine Keramikplatte von einer Betonplatte

a) bezüglich der verwendeten Rohstoffe,

Keramikplatten bestehen in der Regel aus Ton, Quarz und Feldspat, während Betonplatten aus Zement, Gesteinskörnung und Wasser bestehen.

b) bezüglich der Herstellung?

Keramikplatten werden geformt, getrocknet und gebrannt. Beton wird in Formen gegeben, verdichtet und erhärtet dann.

Aufgabe Seite 166

Nico und Sofie wählen Fliesen für ihr Schlafzimmer aus. Bevor die beiden sich mit der Form und der Farbe der Fliesen beschäftigen, überlegen sie, welche technischen Eigenschaften eine solche Fliese aufweisen soll. Helfen Sie, folgende Fragen zu beantworten.

a) Welcher Art Beanspruchung müssen Fliesen in einem Schlafzimmer standhalten?

Fliesen in einem Schlafzimmer werden in der Regel mit nackten Füßen oder Hausschuhen betreten. Sie werden nur wenig beansprucht.

b) Dürfen die Fliesen im Schlafzimmer porös sein? Erläutern Sie Ihre Antwort.

Fliesen im Schlafzimmer dürfen porös sein. Es besteht keine Frostgefahr.

c) Werden rutschhemmende Fliesen im Schlafzimmer benötigt? Erläutern Sie Ihre Antwort.

Fliesen im Schlafzimmer müssen nicht rutschhemmend sein, da sie in der Regel nicht mit nassen Schuhen betreten werden.

Aufgabe Seite 167

Zeichnen Sie drei verschiedene Verlegemuster, die Sie mit einem rechteckigen Format herstellen können.

Schülerabhängige Lösung, z. B.:

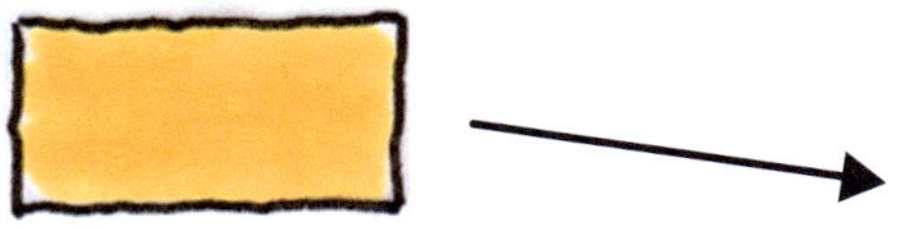

Aufgabe Seite 168/169

Benennen Sie die folgenden Werkzeuge.

1. Richtscheit

2. Wasserwaage

3. Gummihammer (Plastikhammer)

4. Zahnkelle

5. Kelle

6. Fugengummi

7. Schnur

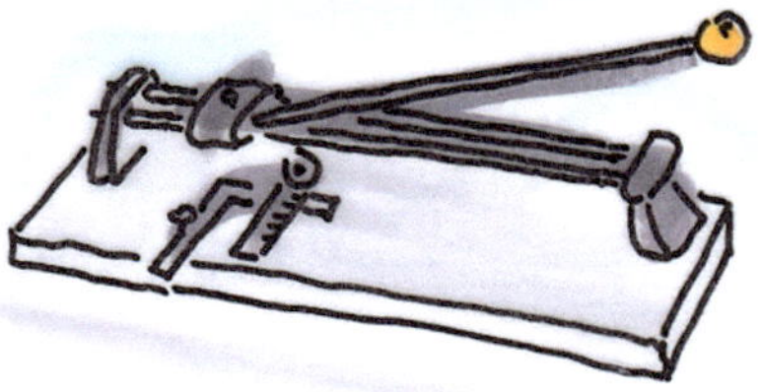

8. Fliesenschneidemaschine

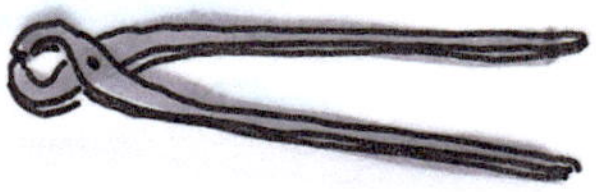

9. Zwickzange

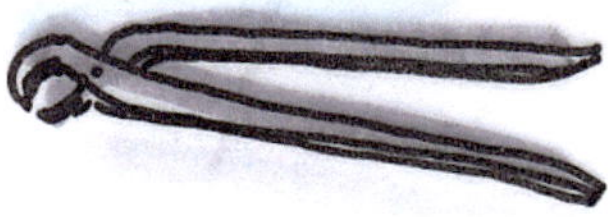

10. Lochzange

Aufgabe Seite 169

Zeichnen Sie Nico in einer Arbeitssicherheitskleidung als Fliesenleger oder schneiden Sie die richtigen Kleidungsstücke aus der Vorlage im Anhang E aus und klemmen Sie diese an der ebenfalls vorgegebenen Nicoschablone fest.

Aufgabe Seite 169

Für das Ansetzen von Fliesen gibt es zwei Verfahren. Erstellen Sie einen Vergleich dieser beiden Verfahren, indem Sie folgende Tabelle ergänzen:

Verfahren	Dickbettverfahren	Dünnbettverfahren
Auf welche Untergründe wird dieses Verfahren angewendet?	Untergründe dürfen leichte Unebenheiten aufweisen.	Untergründe müssen eben und fluchtrecht sein.
Wie dick ist das Mörtelbett? (maximaler Wert)	15 mm	6 mm
Worauf wird der Mörtel aufgetragen?	Der Mörtel wird auf die Fliese aufgetragen.	Der Mörtel wird auf die Wand aufgetragen.
Mit welchem Werkzeug wird der Mörtel aufgetragen?	Der Mörtel wird mit der Kelle aufgetragen.	Der Mörtel wird mit der Zahnkelle aufgetragen.
Beschreiben Sie den Arbeitsaufwand.	arbeitsaufwendig	wenig zeitaufwendig

Aufgabe Seite 176

Berechnen Sie den Frischmörtelbedarf für die Verlegung der Terrassenplatten aus dem Beispiel auf der Seite 175 im Dickbettverfahren. Das Mörtelbett hat eine Dicke von 12 mm.

Frischmörtelbedarf/m² $= 12\ \text{l/m}^2$

Frischmörtelbedarf $= (3\ \text{m} \cdot 2\ \text{m}) \cdot 12\ \text{l/m}^2 = \underline{72\ \text{l}}$

Aufgabe Seite 176

Berechnen Sie den Bedarf an 25-kg-Mörtelsäcken für das Verfliesen des Wohnzimmers von Nicos und Sofies Wunschhaus. Die zu verfliesende Fläche beträgt 6,5 m x 4 m. Die Zahnkelle hat eine Zahnung von 6 mm.

Bedarf an Mörtelsäcken $= \frac{\text{Fläche A}}{\text{Fläche/Sack}}$

$= \frac{6{,}5\text{ m} \cdot 4\text{ m}}{10{,}8\text{ m}^2/\text{Sack}} = \underline{2{,}4\text{ Sack}}$

Aufgabe Seite 177

Berechnen Sie für die Beschichtung des Schlafzimmerbodens den Bedarf an Fliesen und Mörtel. Rechnen Sie für die Fliesen einen Verschnitt von 5 % ein. Die Zahnkelle hat eine Zahnung von 6 mm.

Fliesenbedarf: $= (4{,}01\text{ m} \cdot 3{,}20\text{ m} - 0{,}5\text{ m} \cdot 0{,}5\text{ m}) \cdot 16\text{ Stück/m}^2 \cdot 1{,}05$

$= \underline{211{,}4\text{ Stück}}$ Es werden <u>212 Fliesen</u> gebraucht.

Mörtelbedarf: $= \frac{(4{,}01\text{ m} \cdot 3{,}20) - (0{,}5\text{ m} \cdot 0{,}5\text{ m})}{10{,}8\text{ m}^2/\text{Sack}}$

$= \underline{1{,}17\text{ Sack}}$ Es werden <u>2 Säcke</u> mit je 25 kg Mörtel gebraucht.

Aufgaben Seite 181

1. Nico und Sofie hatten vor, in ihrem Wohnzimmer die gleichen Fliesen zu verlegen, wie in ihrem Schlafzimmer. Wieso sollten sie das nicht tun?

Das Wohnzimmer von Nico und Sofie ist zugleich auch der Eingangsbereich.
Hier werden rutschhemmende Fliesen gebraucht.

2. Berechnen Sie für Sofie und Nico den Bedarf an Fliesen (M 25 x 25) für den Bodenbelag des Wohnzimmers (6,5 x 4,0 m). Es ist mit einem Verlust von 3 % für Verschnitt und Verhau zu rechnen.

Fliesenbedarf $= 6{,}5\text{ m} \cdot 4{,}0\text{ m} \cdot 16\text{ Stück/m}^2 \cdot 1{,}03$

$= \underline{428{,}5\text{ Stück}}$

Es werden <u>429 Fliesen</u> gebraucht.

3. Zeichnen Sie einen Verlegeplan für das Wohnzimmer.

Schülerabhängige Lösung,
z. B. folgende Zeichnung

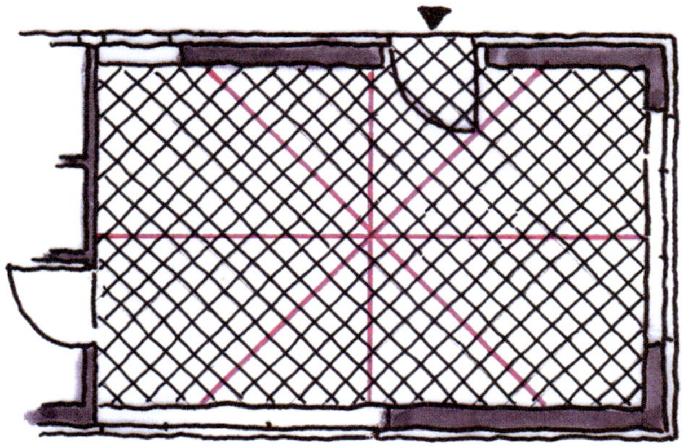

4. Auf der nächsten Seite sollen Sie nun den Bodenbelag des Abstellraumes herstellen. Schneiden Sie dazu die Fliesen von Anhang F aus.

Durch eine Trockenverlegung können Sie selbst herausfinden, welche Farbkombination und welches Verlegemuster Ihnen am besten gefällt.

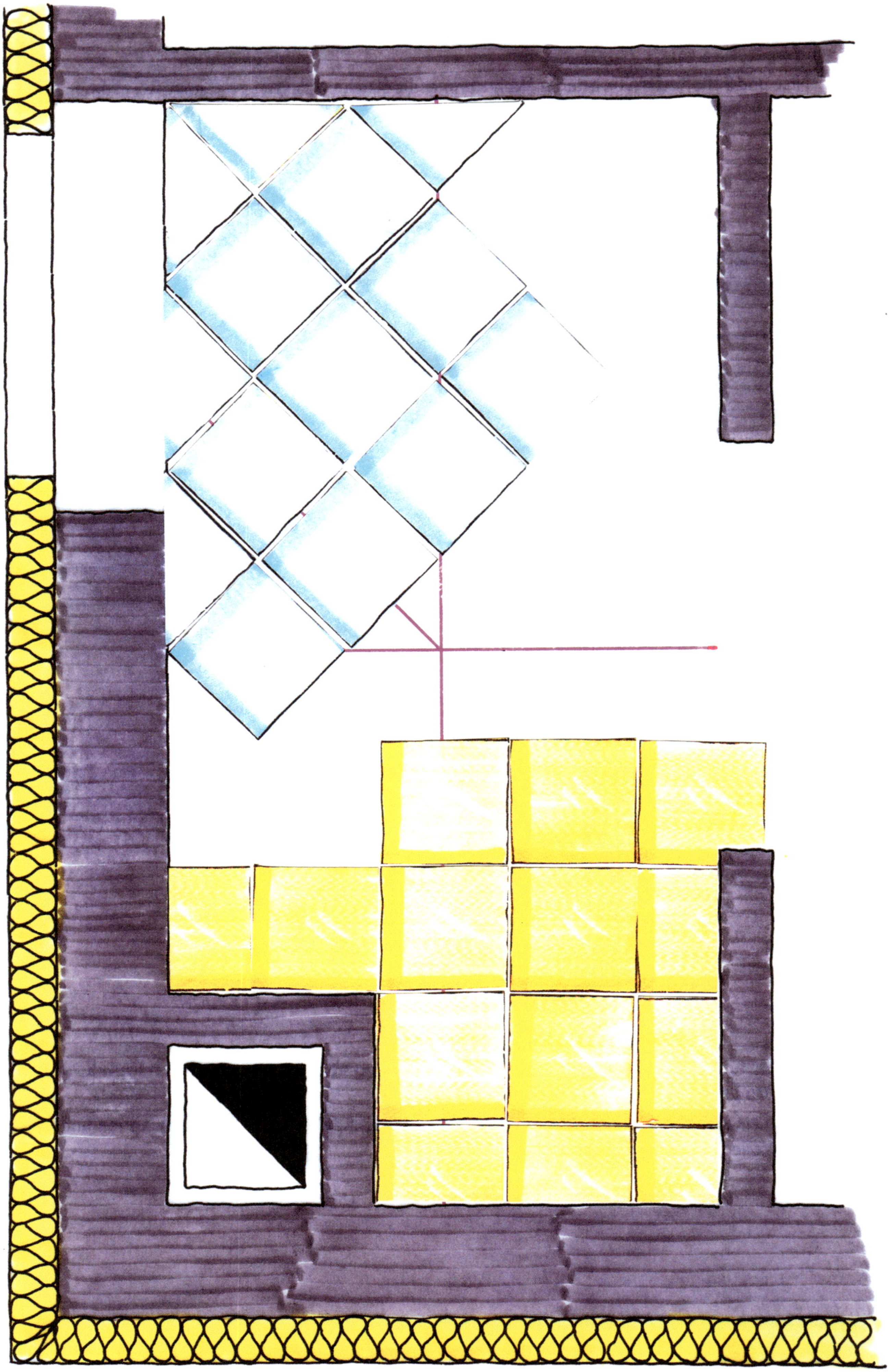

7 Zusammenwirken der Bauberufe

Aufgaben Seite 189/190

1. Welche Bauberufe waren am Bau des Häuschens von Sofie und Nico (einschließlich Planung) beteiligt?

1. Bauzeichner/-in
2. Maurer/-in
3. Beton- und Stahlbetonbauer/-in
4. Zimmerer/Zimmerin
5. Stuckateur/-in
6. Estrichleger/-in
7. Fliesen-, Platten- und Mosaikleger/-in

...

2. Tragen Sie in die Tabelle für die am Häuschen ausgeführten Tätigkeiten die entsprechenden Fachkräfte ein. Bringen Sie die Tätigkeiten in die richtige zeitliche Reihenfolge, indem Sie in die Kreise entsprechende Nummern eintragen.

Fachkraft		Tätigkeit
Maurer/-in	3	Entwässerungsleitungen verlegen
Zimmerer/Zimmerin	12	Hölzer herrichten und Dachstuhl aufrichten
Estrichleger/-in	17	Fußbodenestrich einbauen
Maurer/-in	7	Außen- und Zwischenwände erstellen
Zimmerer/Zimmerin	21	Holztreppe herstellen und einbauen
Maurer/-in	1	Einrichten der Baustelle: Lager für Baustoffe vorbereiten, Zufahrt herrichten, Magazine und Unterkünfte aufstellen
Baugeräteführer/-in	2	Baugrube ausheben
Landschaftsgärtner/-in	23	Zugang zum Haus pflastern
Maler/-in	19	Innenwände streichen
Beton- und Stahlbetonbauer/-in	10	Geschossdecke einschalen, bewehren und betonieren
Dachdecker/-in	13	Eindecken des Daches mit Dachziegeln, Dachsteinen, Holzschindeln oder Metallblechen
Maurer/-in	4	Fundamente betonieren
Stuckateur/-in	16	Innen- und Außenputz aufbringen

Fachkraft	Tätigkeit
Installateur/-in*	(14) Heizungs- und Installationsrohre einbauen
Beton- und Stahlbetonbauer/-in	(5) Bodenplatte bewehren und betonieren
Tischler/-in	(18) Türen und Schrankwände einbauen
Maurer/-in	(11) Schornstein hochziehen
Maurer/-in	(8) Fensterstürze versetzen
Maler/-in	(22) Außenwände streichen
Maurer/-in	(6) Schutz- und Arbeitsgerüst aufstellen
Elektroinstallateur/-in**	(15) Elektrische Leitungen installieren
Fliesen-, Platten- u. Mosaikleger/-in	(20) Bad und Küche fliesen
Maurer/-in	(9) Kellerwände außen gegen Feuchtigkeit abdichten

* Anlagenmechaniker/in für Sanitär-, Heizungs- und Klimatechnik
** Elektroniker/in für Energie- und Gebäudetechnik

3. Haben Sie sich für einen Bauberuf entschieden? Begründen Sie Ihre Wahl. (Fragen Sie Ihre Kolleginnen und Kollegen nach deren Berufswahl und lassen Sie sich deren Berufswahl ebenfalls begründen.)

Schülerabhängige Lösung

4. Weshalb werden die Bauhandwerker auch als das

„Team vom Bau"

bezeichnet?

Die Bauhandwerker sind aufeinander angewiesen und müssen sich aufeinander verlassen können.